D1654828

*Impressum, Seite 4*

*CIP – Kurztitelaufnahme der Deutschen Bibliothek*

**Bosch, Ruth:**

Stichwörter der Telekommunikation: Technik im Lexikon / Ruth Bosch; K.-F. Daemisch, W. Schmid Standard Elektrik Lorenz AG. – Berlin Fachverlag Schiele u. Schön, 1988

(Reihe Kommunikation)
ISBN 3-7949-0491-5

NE: Daemisch, Karl-Ferdinand; HST

---

*ISBN 3-7949-0491-5*

---

*Impressum*
*Originalausgabe*

*Herausgeber:*
*Standard Elektrik Lorenz AG, Abteilung Fachpresse, Stuttgart*
*Satz und Druck: Kutschbach GmbH, Berlin*
*Medien Design: Konrad Josef Müller*
*Grafiken: P. G. Müller*
*Fotografie: Roland Schneider, Franz Gloor, Roland Ziegler*
*Projektleitung: Die AfÖ GmbH, Leonberg*
*Printed in Germany*
*Fachverlag Schiele & Schön GmbH, Berlin*

Lexika, auch Fachlexika, gibt es wie Sand am Meer, sagt man. Doch bei genauem Hinsehen stellt sich heraus, daß das so nicht stimmt. Entweder liegen bei den entsprechenden Publikationen die Schwergewichte ganz anders, oder die einschlägigen Kompendien sind nicht mehr auf dem Stand der heutigen Technik.

Das war der Grund für uns, wenigstens einige der wichtigsten Fachbegriffe der Telekommunikation zu beschreiben. Diese moderne, innovative Technologie umfaßt eine Übermenge von zum Teil sehr unterschiedlichen Fachgebieten: Ausdruck für das Zusammenwachsen der neuen Techniken. Zu den betreffenden Fachbereichen zählen die Nachrichtentechnik, die Datenverarbeitung und die Datenfernverarbeitung, berührt werden davon aber auch die Informatik und die Satellitentechnik.

Da fiel die Auswahl nicht leicht. Wir geben zu, daß manchmal auch subjektive Überlegungen eine Rolle spielten mit Argumenten, die Sie, der Benutzer und Leser dieses Lexikons, vielleicht nicht teilen. Doch wir hoffen, daß dieser kleine Band Ihnen eine Hilfe bei Ihrer täglichen Arbeit sein kann.

*Gerd G. Weiler*
*Leiter der Zentralabteilung Öffentlichkeitsarbeit*
*Standard Elektrik Lorenz AG*

# Stichwörter der Telekommunikation

Technik im Lexikon
Standard Elektrik Lorenz AG

Fachverlag Schiele & Schön GmbH

## Abtastung, Abtasttheorem

sampling, sampling theorem

Um ein → *analoges Signal* digital übertragen zu können, muß das Analogsignal zunächst abgetastet werden. Wird dabei ein gleichbleibender zeitlicher Abstand gewählt, so bezeichnet man die zeitlich abhängige Anzahl der Abtastwerte als Abtastrate oder Abtastfrequenz. Wenn aus dem so gewonnenen digitalen Signal wieder das analoge zurückgewonnen werden soll, so müssen – damit kein Informationsverlust eintritt – die Bedingungen des Shannonschen Abtasttheorems erfüllt sein: 1. muß das Frequenzband (→ *Bandbreite*) des Signals begrenzt sein, und 2. muß es mit einer mindestens doppelt so hohen Frequenz abgetastet werden wie die höchste Frequenz des Signals, die Grenzfrequenz, ist.
Bei der digitalen Sprachübertragung (→ *Pulscodemodulation*) ist vom → *CCITT* bei einer Bandbreite von 3,1 kHz (von 0,3 bis 3,4 kHz) eine Abtastrate von 8 kHz genormt.

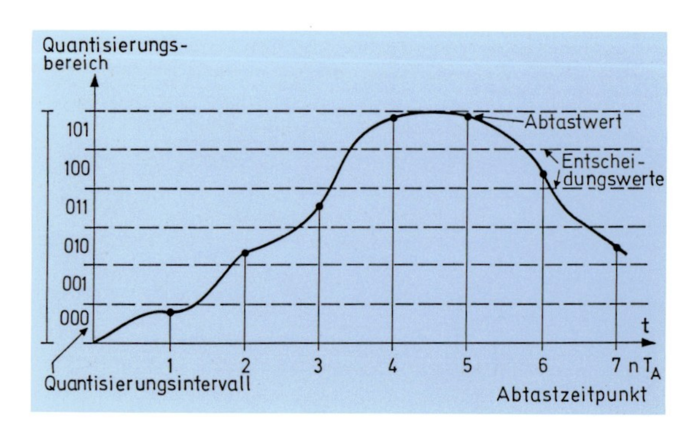

## Abwärts-/Aufwärtsfrequenz

uplink / downlink frequency

Als Abwärtsfrequenz bezeichnet man die Signalfrequenz bei der Übertragung von einem Satelliten zur Bodenstation, während die Frequenz bei der Übertragungsrichtung vom Boden zum Satelliten Aufwärtsfrequenz heißt. Der Abwärtsfrequenzbereich liegt zum Beispiel beim Nachrichtensatelliten INTELSAT (Start: 1980) bei etwa 14 GHz, der in umgekehrter Richtung bei etwa 11 GHz; meist werden heute jedoch 4 GHz (in Aufwärtsrichtung) und 6 GHz (in Abwärtsrichtung) benutzt.

## A/D-Wandler

analog digital converter

Der Analog-/Digitalwandler erzeugt aus einem ursprünglich → *analogen* ein → *digitales Signal,* umgekehrt wandelt der Digital-/Analogwandler ein digitales Signal in einen analogen Spannungswert um. Bei der A/D-Wandlung müssen die Signale zunächst in einem zeitlichen Raster abgetastet (→ *Abtasttheorem*), danach quantisiert und entsprechend, zum Beispiel in Dualzahlen, codiert werden. Die Quantisierung geschieht dabei nach einem Approximationsverfahren.

Umgekehrt geschieht die Rückwandlung in ein Analogsignal meist durch ein Verfahren, in dem hintereinander geschaltete Widerstände, eine sogenannte Kaskade, benutzt werden, deren Werte in aufsteigenden Zweierpotenzen liegen. Je nach ankommender „Dualzahl“ (1 oder 0) schließt oder öffnet der entsprechende Schalter. Da dieser Vorgang zu allen Abtastzeitpunkten wiederholt wird, entsteht aus der Folge der gewonnenen Abtastwerte durch Tiefpaßfilterung wieder das Analogsignal.

## Akustik-Koppler

acoustic coupler

Mit einem Akustik-Koppler können Daten von einem Rechner über das Telefon übertragen werden. Dieser spezielle → *Modem* wird mit dem Telefonhörer gekoppelt. Die digitalen Signale eines Computers werden in Töne bestimmter Frequenzen umgesetzt und übertragen. An der Empfangsstation werden die Signale wieder zurückübersetzt, damit sie ein Computer verarbeiten kann. Die Verbindung mit dem Telefon kommt durch Einpassen des Telefonhörers in zwei Gummikapseln zustande, wobei die akustische Übertragung von der Sprechkapsel des sendenden Handapparats in die Hörkapsel des Empfängerapparats erfolgt.
Die Geschwindigkeit der Datenübertragung reicht dabei von 300 bis 1200 bit/s (→ *Baud*).
Um einen Akustik-Koppler im öffentlichen Fernsprechnetz zu verwenden, muß eine Reihe von Bedingungen erfüllt sein, die in den V.15-Empfehlungen des → *CCITT* festgelegt sind (→ *Modem*).

## Amplitudenmodulation, AM

amplitude modulation

Amplitudenmodulation ist eine Modulationsart, bei der die Amplitude einer Trägerschwingung im Rhythmus der zu übertragenden Signale verändert wird (→ *Modulationsverfahren).*

## Analoges und digitales Signal

analog and digital signal

Ein analoges Signal bildet eine tatsächliche physikalische Meßgröße kontinuierlich ab. Das heißt, daß ein analoges Signal in seinem zeitlichen Verlauf nirgends unterbrochen werden kann; außerdem kann es jeden beliebigen Amplitudenwert annehmen. Im Gegensatz dazu bestehen digitale Signale ausschließlich aus einer Folge von Zeichen, deren Signalparameter eine Nachricht oder Daten darstellen. Im einfachsten Fall entsprechen die verwendeten Zeichen dem → *Binär*code. Das bedeutet, daß das Signal nur zwei verschiedene Zustände annehmen kann, 1 oder 0, Spannung oder keine Spannung.

## Anrufweiterschaltung

call forwarding

→ *Leistungsmerkmale*

## ANSI

Abkürzung für **A**merican **N**ational **S**tandards **I**nstitute; das ANSI ist ein nationales Gremium der USA für Standardisierung, das in etwa dem DIN in der Bundesrepublik Deutschland entspricht. ANSI ist Mitglied der → *ISO*.

## Anwendungsschicht

application layer

Diese oberste Schicht 7 im → *ISO/OSI-Schichtenmodell* definiert anwendungsspezifische → *Protokolle.* Dazu gehören u. a. Standardprotokolle für den Dateitransfer und die elektronische Post (→ *electronic mail*).

## Asynchrone/synchrone Übertragung

asynchronous/synchronous transmission

Bei einer asynchronen Übertragung wird der Beginn der Übertragung eines Zeichens durch ein

Start- und das Ende durch ein Stopbit signalisiert. Damit wird zwischen Sender und Empfänger ein Synchronzustand erst hergestellt. Deshalb heißt dieses Verfahren auch Start-/Stop-Verfahren.
Im Gegensatz dazu werden bei der synchronen Übertragung Sende- und Empfangsstation in einen Gleichtakt gebracht, das heißt, Sender und Empfänger arbeiten ununterbrochen mit hinreichend konstantem Takt. Start- und Stopbits können damit entfallen. Dafür werden am Anfang einer Zeichenfolge Synchronisationszeichen übertragen.

## Asynchron-/Synchron-Umsetzer

asynchronous/synchronous converter

Um Daten auch → *asynchron* in einem taktgebundenen Zeitmultiplex-System (→ *Multiplexer*) übertragen zu können, müssen Umsetzer die asynchronen Daten an synchrone Übermittlungswege anpassen. Asynchron-/Synchron-Umsetzer arbeiten in der Regel mit Geschwindigkeiten von 1200 und 2400 bit/s. Andere Systeme setzen 9 600 bit/s asynchron in 8 000 bit/s synchron um.

## Austastlücke

blanking interval

Dies sind Zeitbereiche innerhalb des Fernsehsignals, die keine Bildinformation beinhalten und während der der Elektronenstrahl der Bildröhre dunkel getastet wird:
1. horizontale Austastlücke (Zeitintervall, das der Elektronenstrahl zum Sprung vom Ende einer Zeile zum Anfang der nächsten benötigt);
2. vertikale Austastlücke (Zeitintervall, das der Elek-

tronenstrahl zum Sprung vom Bildende zum Bildanfang benötigt).
Die Austastlücke kann für andere Informationen benutzt werden, z. B. für → *Videotext.*

## Autotelefon

mobile telephone

Das Autotelefon basiert auf einem öffentlichen, beweglichen Landfunknetz (→ *Mobilfunk*).

## Band, Frequenzband

band, frequency band

→ *Bandbreite*

## Bandbreite

bandwidth

Die Bandbreite eines Signals umfaßt den Frequenzbereich, der dem Leistungsumfang des Signals entspricht. Um den technischen Aufwand bei der Übertragung gering zu halten, wird häufig die Bandbreite reduziert: Zum Beispiel bei der Sprachübertragung im Fernsprechnetz reicht die Bandbreite von 0,3 bis 3,4 kHz (entspricht einer Bandbreite von 3,1 kHz), um Sprache ohne Beeinträchtigung zu übermitteln, obwohl der tatsächliche Umfang des Sprachbandes 7 kHz beträgt.

Je größer die Bandbreite, umso mehr Informationen können gleichzeitig übertragen werden. Man unterscheidet zwischen → *Schmalband-* und → *Breitbandkommunikation.* Alle Frequenzen im MHz-Bereich (z. B. → *Bewegtbildkommunikation*) werden der Breitbandkommunikation zugeschrieben, während sich Schmalbandkommunikation (z. B. Sprachübertragung) im kHz-Bereich abspielt.

Bei der digitalen Übertragung spricht man bei Übertragungsgeschwindigkeiten bis zu 64 kbit/s von Schmalband. Zahlenmäßig entspricht die Bandbreite etwa der doppelten Übertragungsgeschwindigkeit. Das im Aufbau befindliche → *ISDN* ist als Schmalband-Netz zu bezeichnen, während erst das → *B-ISDN* als ein Breitband-Netz anzusehen ist.

## Bandfilter

bandfilter

→ *Bandpaß*

## Bandpaß

bandpass

Der Bandpaß ist ein Frequenzfilter, das heißt eine Siebschaltung mit aktiven und passiven elektronischen Bauelementen. Sie läßt nur einen bestimmten Frequenzbereich durch; ober- und unterhalb der in der Schaltung definierten Grenzfrequenzen sperrt der Bandpaß.

## Basisanschluß

basic access

Basisanschluß ist der Fachausdruck für eine → *ISDN*-Komponente. Über den Basisanschluß werden einem ISDN-Teilnehmer über die normale Kupfer-Doppelader eines Telefonanschlusses zwei gleichzeitig nutzbare digitale Nutzkanäle (→ *B-Kanal*) mit je 64 kbit/s und ein zusätzlicher Steuerkanal (→ *D-Kanal*) mit 16 kbit/s zur Verfügung gestellt.
Weil die → *Zeichengabe* auf einem eigenen Steuerkanal erfolgt (→ *Zentralkanal-Zeichengabe*), stehen die Nutzkanäle ausschließlich für je einen Dienst zur Verfügung. Der Basisanschluß ist über eine einheitliche Rufnummer erreichbar. Bis zu acht Endgeräte können daran angeschlossen werden.

## Basisband

baseband

Das Basisband ist das → *Frequenzband* eines unmoduliert übertragenen Signals. Zur Übertragung mehrerer Signale müssen diese entweder auf Trägerfrequenzen aufmoduliert oder es müssen → *Multiplex-Verfahren* angewandt werden.

## Baud

Baud bedeutet die Übertragung einer bestimmten Signalmenge pro Zeiteinheit, ausgedrückt durch Bit pro Sekunde (bit/s), Abkürzung: bd. Dies gilt für die Datenverarbeitungs- und Kommunikationstechnik.
Allgemeiner definiert ist dies die nach dem französischen Telegrafen-Ingenieur Baudot benannte Einheit der Schrittgeschwindigkeit (1 bd = 1 Modulationsschritt/s), wobei unter Schritt ein Signalelement mit definierter Dauer und eindeutigem Wertebereich des einen oder mehrerer Signalparameter verstanden wird (→ *Bitrate*).

## Benutzerschnittstelle

user interface

Die Benutzerschnittstelle umfaßt sowohl die auf der Benutzerseite vorhandene Hardware als auch die Software, die den Dialog zwischen Mensch und Maschine steuert. Diese Schnittstelle kann ein Bildschirmgerät mit Tastatur sein, aber ebenso eine andere interaktive → *Datenendeinrichtung.*

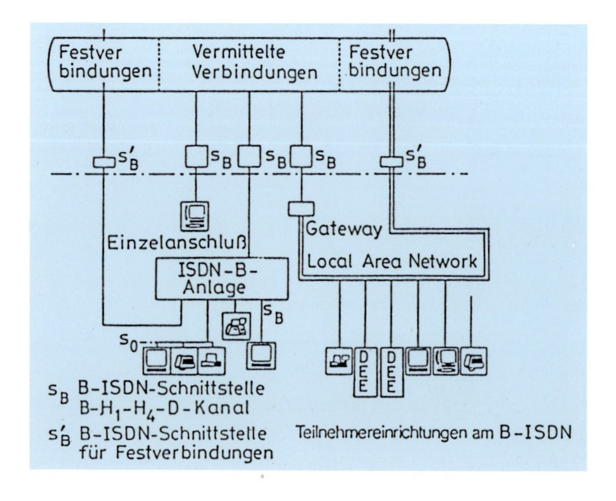

*Bew-, Seite 17*

## Berkom

**Ber**liner **Kom**munikationssystem
Berkom soll die Entwicklung von Fernmeldediensten und Endgeräten für das → *B-ISDN* und → *IBFN* zeitlich parallel zum Aufbau des Glasfasernetzes fördern und deren technische Erprobung möglich machen. Auftraggeber des Projekts sind die Deutsche Bundespost und das Land Berlin.
Die Entwicklungsaufgaben werden von der Industrie und von wissenschaftlichen Institutionen übernommen. Die Laufzeit des Projekts ist befristet und wird - nach den bisherigen Planungen - am 31. Dezember 1989 enden.
Die technisch orientierte Entwicklungsarbeit soll durch Untersuchungen über ökonomische und soziale Implikationen der Breitbandkommunikation begleitet werden. Besonderes Gewicht hat der Aspekt einfacher Bedienbarkeit der Systeme und Geräte.

## Betriebsart

mode of operation

Mit Betriebsart ist die Richtung des Informationsflusses zwischen zwei oder mehreren beteiligten Stationen gemeint. Man unterscheidet → *Simplex-*, → *Halbduplex-* und → *(Voll-)Duplex*-Betrieb.
Im Simplex-Betrieb läuft die Information nur in einer Richtung. Halbduplex bedeutet wechselseitigen Informationsfluß in beide Richtungen und Duplex schließlich ist der gleichzeitige Betrieb in beiden Richtungen.

## Bewegtbildkommunikation

videocommunication

Unter Bewegtbildkommunikation versteht man alle Dienste, ob → *Videokonferenz* oder Fernsehen, bei denen Bewegungsabläufe übertragen werden.

Dazu wird eine sehr große → *Bandbreite* benötigt (→ *Breitbandkommunikation*).

## bidirektional

bidirectional

In der Übertragungstechnik bedeutet bidirektional, daß ein Signalfluß in beiden Richtungen möglich ist. Es gibt also keinen ausschließlichen Empfänger oder Sender.

## BIGFON

Abkürzung für **B**reitbandiges **I**ntegriertes **G**lasfaser-**F**ernmelde-**O**rts**n**etz. Unter dieser Bezeichnung laufen Systemtests der Deutschen Bundespost in Berlin, Hamburg, Hannover, Düsseldorf, Stuttgart, Nürnberg und München. Das Ziel ist, sämtliche Fernmeldedienste über → *Glasfasern* zu testen. Dazu gehören als Schmalbanddienste neben Telefon → *Telex* und → *Teletex*, → *Datex*, → *Bildschirmtext* sowie → *Telefax*. Der Teilnehmeranschluß erfolgt über eine oder zwei Glasfasern. Im Breitbandbereich wird den Teilnehmern Bildfern-

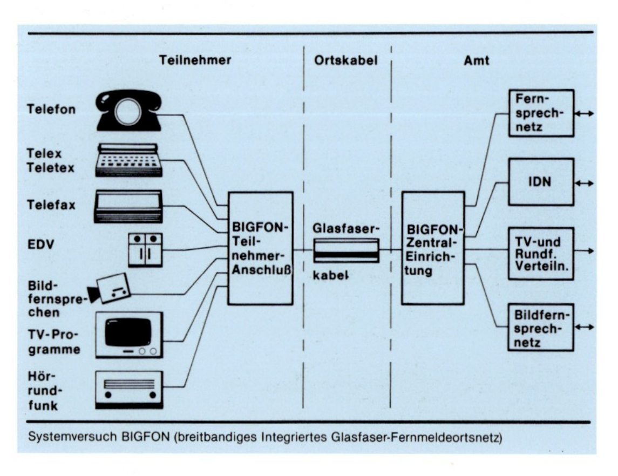

Systemversuch BIGFON (breitbandiges Integriertes Glasfaser-Fernmeldeortsnetz)

sprechen angeboten. Zwischen einigen BIGFON-Inseln ist Bildfernsprechen über 140-Mbit/s-Strecken möglich. Alle Dienste können integriert genutzt werden.
Zu den Systemkomponenten gehören neben den Glasfaserkabeln die Zentrale, das Glasfaser-Anschlußnetz sowie die Endgeräte beim Teilnehmer.

## Bildfernsprechen, Bildkonferenz

videophone, video-telephony, videophone conference

Die Bild-Ton-Verbindung zwischen Einzelpersonen wird als Bildfernsprechen bezeichnet. Bei einer Bildkonferenz sind mehrere Personen an zumindest zwei verschiedenen Orten beteiligt.

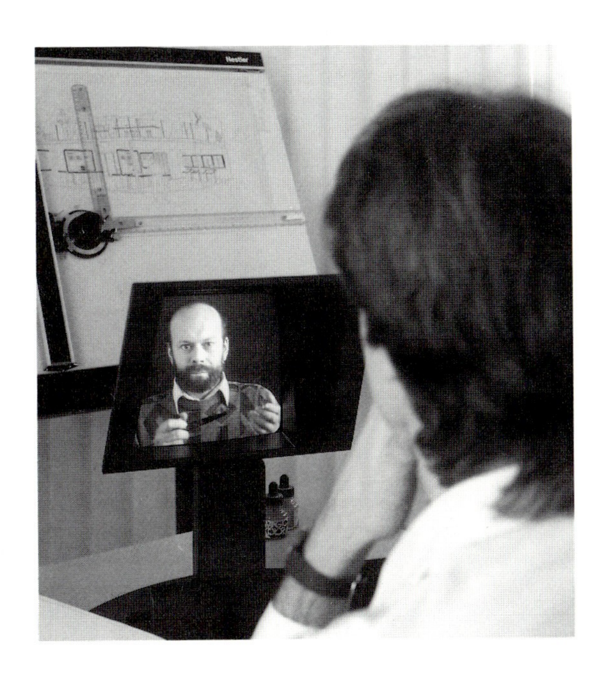

*Bil-, Seite 20*

Zum Schutz der Privatsphäre wird das Bild erst zugeschaltet, wenn sich beide Partner darüber verständigt haben. Das sehr störende Parallaxenproblem bei früheren Systemen, d. h. die Gesprächspartner blicken entweder in die Kamera oder auf den Bildschirm, wurde durch ein von SEL vorgestelltes Prinzip gelöst.

## Bildschirmtext (Btx)

videotex

Btx ist ein Informations- und Kommunikationsdienst der Deutschen Bundespost für private und kommerzielle Kunden. Zur Nutzung dieses Dienstes verwendet man entweder spezielle Btx-Terminals, → *ÖBtx-Geräte* oder Farbfernsehgeräte, die mit einem zusätzlichen Btx-Decoder und mit einem Btx-Modem versehen sind, der die Daten über das öffentliche Fernsprechnetz oder → *Datex-P* von und zu der Btx-Zentrale überträgt. Zum Kommunikationsangebot gehören u. a. Reisebuchungen, Katalogbestellungen sowie Banktransaktionen. Als Informationsangebot können z. B. die Wetterprognose und Aktienkurse abgerufen werden.

## binär, Binärzeichen

binary, binary signal, binary digit

Der Begriff binär bedeutet zweiwertig und bezeichnet die Möglichkeit, nur eines von zwei Binärzeichen als Wert anzunehmen. In der Datenverarbeitung und in der Kommunikationstechnik werden Zeichen benutzt, die die Werte Null und Eins annehmen können und die als Bit, Bits (Abkürzung für: **b**inary dig**it**) zur Beschreibung der kleinsten Informationseinheit bezeichnet werden.

## B-ISDN

Das heute in der Realisierungsphase stehende Schmalband-ISDN mit 144 kbit/s soll langfristig zum Breitband-ISDN (B-ISDN) ausgebaut werden. Während → *ISDN* eine Vielzahl von Sprach-, Text-, Bild- und Datendiensten über eine einheitliche Rufnummer bietet, werden darüberhinaus im B-ISDN zusätzliche Bewegtbildkommunikationsarten möglich sein, zum Beispiel wird es als Dialogdienst Bildfernsprechen geben. Voraussetzung für das B-ISDN ist ein flächendeckendes Glasfasernetz. Die Übertragungsrate für Breitbanddienste mit 140 Mbit/s pro Kanal liegt etwa 2000mal höher als die für die Schmalbanddienste (64 kbit/s). Nur Glasfasern (→ *Lichtwellenleiter*) können derartige Übertragungskapazitäten und die erforderlichen hohen Geschwindigkeiten wirtschaftlich bieten.

## Bitfehlerrate

bit error rate

Mit Bitfehlerrate wird das Verhältnis von binären Signalelementen, die bei der Übertragung verfälscht werden, zur Gesamtzahl der binären Signale bezeichnet.

## Bitrate

bit rate

Die Bitrate gibt die Übertragungsgeschwindigkeit eines Binärsignals an. Voraussetzung ist ein einheitliches zeitliches Bitraster. Die Bitrate wird in Bit pro Sekunde, bit/s oder → *Baud* angegeben.

## B-Kanal

B-channel

Die beiden mit je 64 kbit/s arbeitenden Nutz- oder Basiskanäle im → *ISDN* heißen B-Kanäle, über die ein Teilnehmer mit einer einheitlichen Rufnummer Mischkommunikation betreiben kann. Das bedeutet, daß auf dem einen Kanal z. B. telefoniert und gleichzeitig auf dem zweiten Texte oder Daten und Faksimile übertragen werden können.

## Breitbandkommunikation

broad band communication

Von Breitbandkommunikation spricht man dann, wenn für eine bestimmte Kommunikation eine große → *Bandbreite* (im MHz-Bereich) oder eine große → *Bitrate* (Mbit/s-Bereich) erforderlich ist. Typische Breitband-Kommunikationsarten sind

*Baugruppe für das Breitbandkoppelnetz*

z. B. → *Bildfernsprechen,* → *Kabelfernsehen* und → *Videokonferenz* (→ *Bildfernsprechen*).

## Breitbandkoppelfeld

broadband switching network

→ *Koppelfeld*

## Bridge

Einrichtungen zur Verbindung zwischen gleichartigen lokalen Netzen (→ *LAN*) werden Bridge oder Brücke genannt, während man bei Verbindungen unterschiedlicher Netze von → *Gateways* spricht. Dazu gehören Hardware (z. B. Prozessoren und Kabel) zur physikalischen und Software (Programme) zur logischen Verknüpfung.

## Bürokommunikation

office automation

Zusammenfassender Begriff für alle in einem typischen Büro vorkommenden Kommunikationsdienste wie Telefonieren, → *Telex,* → *Teletex,* → *Bildschirmtext,* → *Datel-Dienste* und → *Telefax.* Neuerdings wird auch die Möglichkeit der integrierten Nutzung aller dieser Dienste mit Bürokommunikation bezeichnet.
Beispiel: SEL bietet mit Office 2000 ein Bürokommunikationskonzept an, das sowohl die Kopplung von digitalen Nebenstellenanlagen mit → *LAN*s wie den Zugang zu öffentlichen Netzen gestattet. Eine Vielzahl von unterschiedlichen Endgeräten, die speziell auf die Funktionen an jedem beliebigen Arbeitsplatz zugeschnitten sind, können in das Bürokommunikationskonzept Office 2000 integriert werden (→ *System 12 B*).

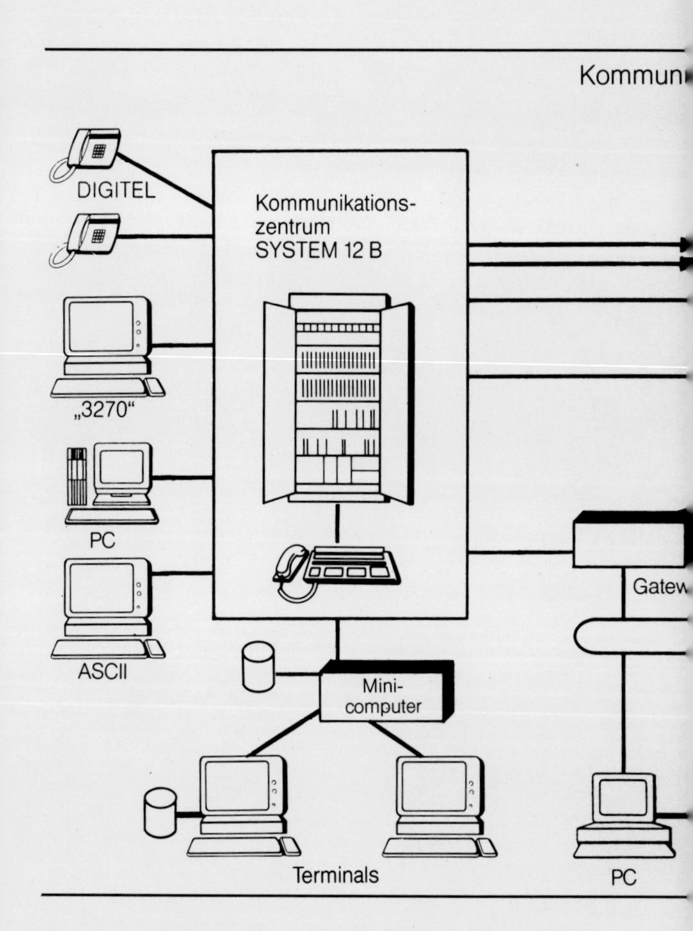
Kommun
DIGITEL
Kommunikations-
zentrum
SYSTEM 12 B
„3270“
PC
ASCII
Gatew
Mini-
computer
Terminals
PC

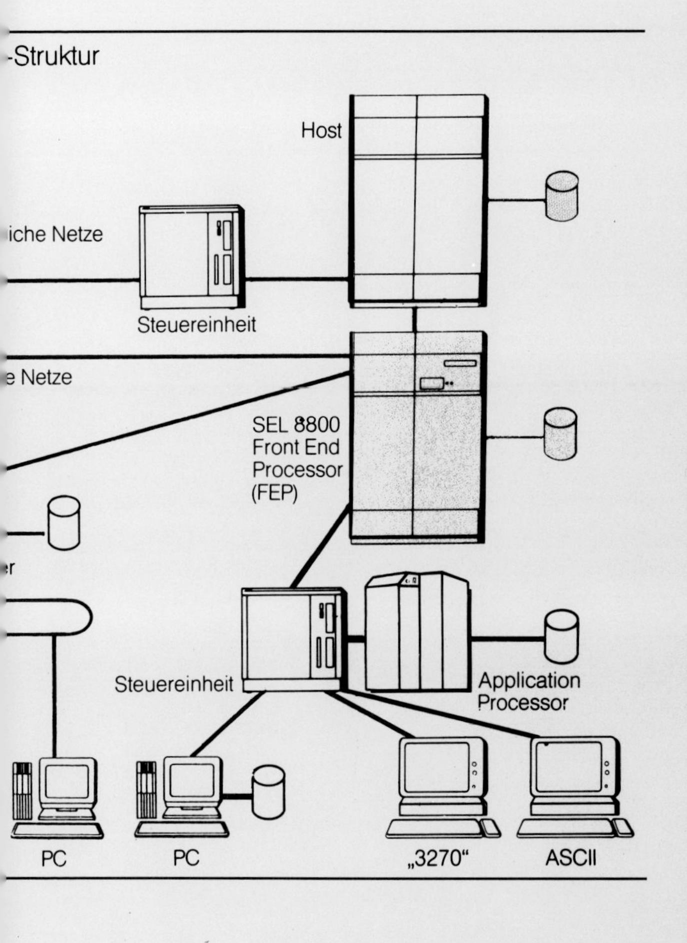
-Struktur
Host
iche Netze
Steuereinheit
e Netze
SEL 8800
Front End
Processor
(FEP)
r
Steuereinheit
Application
Processor
PC
PC
„3270“
ASCII

## Bus

bus

Ein Bus besteht physikalisch aus mehreren parallelen Leitungen zur Übertragung von Signalen oder Versorgungsspannungen. In Mikroprozessorsystemen gibt es zum Beispiel den Adreßbus zur Weitergabe von Daten- oder Programmadressen, den Datenbus zum Transport der Daten und den Kontrollbus zur Weitergabe von Steuerinformationen. Man unterscheidet dabei noch nach uni- oder → *bidirektionalen* Leitungssystemen.

## Byte

byte

Mit Byte bezeichnet man die Zusammenfassung einer Reihe von Binärelementen; im Regelfall sind dies acht Bit. Damit können insgesamt 256 Zeichen (Buchstaben, Sonderzeichen) dargestellt werden.

*Chi-, Seite 27*

## CCIR

Comité Consultatif International des Radiocommunications; eine ständige Einrichtung der → *ITU*, die sich mit den Funkdiensten befaßt.

## CCITT

**C**omité **C**onsultatif **I**nternational **T**élégraphique et **T**éléphonique; ein in Genf sitzender Ausschuß der Fernmeldeverwaltungen, der sich mit Vorschlägen zur Normung und Standardisierung der Daten- und Fernsprechdienste befaßt.
Vom CCITT genormte → *Schnittstellen* beginnen beispielsweise mit dem Buchstaben → *V* oder → *X*; zum Beispiel die weit verbreitete → *V.24* oder die im → *Datex-P*-Netz verwendete → *X.21*.

## CEPT

**C**onférence **E**uropéenne des Administrations des **P**ostes et **T**élécommunications; ein Gremium der europäischen Post- und Fernmeldeverwaltungen aus 26 westeuropäischen Ländern, das Empfehlungen für neue Dienste ausspricht. So stammt u. a. der europäische Bildschirmtextstandard von CEPT.

## Chip

Damit werden die Halbleiterplättchen – in der Regel heute auf der Basis von hochreinem Silizium – mit einer Kantenlänge von mehreren Millimetern bezeichnet, auf denen eine integrierte Schaltung (→ *IC*) vollständig untergebracht ist. Chips werden aber auch die in Gehäuse vergossenen integrierten Schaltkreise genannt, wie sie in gedruckten Schaltungen eingesetzt werden.

## Clockimpuls

→ *Taktimpuls*

## Code, codieren

code, coding

Code bedeutet einmal eine Zuordnung zwischen einer Menge von (Code-)Wörtern und einer anderen Codewortmenge; zum anderen ist der Code eine Vorschrift, die bestimmte Eigenschaften von Code-Wörtern festlegt. Ein Beispiel sind Codes, die für Buchstaben Zahlen definieren (z. B.: a = 1, b = 2, usw.), ein anderes die Umsetzung von Dezimalzahlen in Dualzahlen. Die jeweilige Rückübersetzung wird Decodierung genannt.

## Codec

Zusammengesetzter Begriff aus **Co**dierer und **Dec**odierer. Ein Codec ist ein hochintegrierter Schaltkreis oder eine andere Schaltung, der in der digitalen Fernsprechtechnik das → *Codieren* und Decodieren aller Teilnehmersignale vornimmt sowie gegebenenfalls die für die → *A/D-D/A-Wandlung* nötigen Verarbeitungsschritte durchführt.
Im → *ISDN* wird in jedes Endgerät, also z. B. in jeden Telefonapparat, ein Codec eingebaut sein, damit es möglich wird, gleichzeitig Sprache, Texte, Daten und Bild digitalisiert zu übertragen und zu empfangen.

## CPBX

**C**omputerized **P**rivate **B**ranche **E**xchange; eine digitale → *Nebenstellenanlage*, an die alle anderen an der Kommunikation beteiligten Geräte angeschlossen werden. Wenn über eine derartige Anlage verschiedene Dienste abgewickelt werden können, spricht man auch von einer Kommunikationsanlage (K-Anlage) (→ *Bürokommunikation*).

## CSMA

Abkürzung von **C**arrier **S**ense **M**ultiple **A**ccess; ein Vielfach-Zugriffsverfahren (→ *Protokoll*) in lokalen Netzen (→ *LAN*), bei dem versucht wird, Kollisionen durch gleichzeitig auftretende Sendungen zu verhindern. Denn wenn zwei Knoten gleichzeitig ein freies Leitungsnetz erkennen und senden, können Kollisionen auftreten.
Diese werden dadurch entdeckt, daß die Stationen vor Übertragungsbeginn die Übertragungsmedien abhören. Wenn zwei Stationen gleichzeitig eine Datenübertragung vornehmen wollen, stellen beide die Sendung ein. Nach einer zufallsgesteuerten Zeit wird der Übertragungskanal wieder abgehört und - wenn er frei ist - mit der Sendung von neuem begonnen. Diese Art der Kollisionsverwaltung wird CSMA/CD genannt.

## Dämpfung

attenuation

Leistungsabfall entlang einer Leitung; bei → *Lichtwellenleitern* ist mit Dämpfung die Verminderung der optischen Signalleistung zwischen zwei Querschnittsflächen einer Faser gemeint. Die Dämpfung wird in → *Dezibel* (dB) gemessen.

## Darstellungsschicht

presentation layer

Schicht 6 des → *ISO/OSI-Referenzmodells.* In dieser Schicht werden die zwischen offenen Systemen zu übertragenden Informationen → *codiert*, d. h. die Syntax für die Übertragung festgelegt. Ziel dieser Codierung ist die Datenübertragung bei sicherer Beibehaltung des Informationsgehalts.
Ein bereits realisiertes → *Protokoll* dieser Schicht ist z. B. das „Virtuelle Terminal".

## Dateldienst

Sammelbegriff – von **Da**ta **Tel**ecommunications abgeleitet – für alle Datenübertragungsdienste der Deutschen Bundespost, die Fernmeldewege benutzen. Dazu gehören die Dienste im öffentlichen Fernsprechnetz, im → *Integrierten Text- und Datennetz (IDN)*, auf Standleitungen (→ *HfD*) und in den → *Datex-P-* oder → *Datex-L-Netzen.*

## Datenendeinrichtung, DEE

data terminal equipment, DTE

Mit DEE sind alle Geräte zum Senden und/oder Empfangen von Daten gemeint. Somit ist DEE der

Überbegriff von Datenendgerät, Datenkonzentrator und Datenverarbeitungsanlage. Dazu gehören z. B. auch Fernwirkendeinrichtungen im → *TEMEX-Dienst* der Deutschen Bundespost.

## Datenpaketvermittlung

packet switching

In Netzen mit Paketvermittlung werden die zu übertragenden Daten zu Paketen zusammengesetzt, jedes Paket mit Adresse und Steuerzeichen versehen und dann übertragen. Damit der Datentransport in Paketform organisiert werden kann, werden die Pakete in den Vermittlungsstellen jeweils für kurze Zeit zwischengespeichert. Ein von der Deutschen Bundespost angebotenes Netz, das mit Paketvermittlung arbeitet, ist → *Datex-P.*

## Datenquelle

data source

Mit Datenquelle ist der Teil einer Datenendeinrichtung gemeint, der dem Sender entspricht. In großen Netzwerken kann das auch ein spezieller Kommunikationsrechner sein. Das Gegenstück ist die → *Datensenke.*

## Datenrate

data rate

Maß für die Übertragungsgeschwindigkeit, → *Bitrate.*

## Datensenke

data sink

Entspricht dem Empfänger in einer Datenendeinrichtung; Gegenstück → *Datenquelle.*

## Datensicherungsschicht

link layer

Schicht 2 des → *ISO/OSI-Referenzmodells*, die auch Verbindungsschicht genannt wird. Hier sollen in der physikalischen Schicht entstandene Fehler erkannt und korrigiert werden. Zusätzlich wird in dieser Schicht jede zu übertragende Information mit Sende- und Empfangsadressen versehen.

## Datenübertragungseinrichtung, DÜE

data circuit equipment, DCE

Eine DÜE wandelt die von einer → *Datenendeinrichtung* kommenden Signale in eine für die Übertragung passende Form um, bzw. sie wandelt einkommende Signale in eine für die Datenendeinrichtung passende Form. Eine typische DÜE zur Anpassung von Signalen in einem analogen Netz wie dem Fernsprechnetz ist ein → *Modem*.

## Datex

Sammelbegriff für alle Datenübertragungsnetze, der aus **Data Ex**change zusammengesetzt ist. In der Bundesrepublik Deutschland unterscheidet man zwischen dem → *Datex-L-* und dem → *Datex-P-*Netz.

## Datex-L

Ein von der Deutschen Bundespost angebotenes Datenübertragungsnetz, das ins → *IDN* (Integriertes Text- und Datennetz) eingebettet ist und → *leitungsvermittelt* arbeitet. Auch → *Teletex* wird im Datex-L-Netz abgewickelt.

Die Gebühren sind abhängig von der Übertragungsgeschwindigkeit, nicht von der zu überbrückenden Entfernung. Die Datenvermittlung geschieht über das EDS (Elektronisches Datenvermittlungssystem), dessen 18 Standorte über die gesamte Bundesrepublik Deutschland verteilt und miteinander vermascht sind.

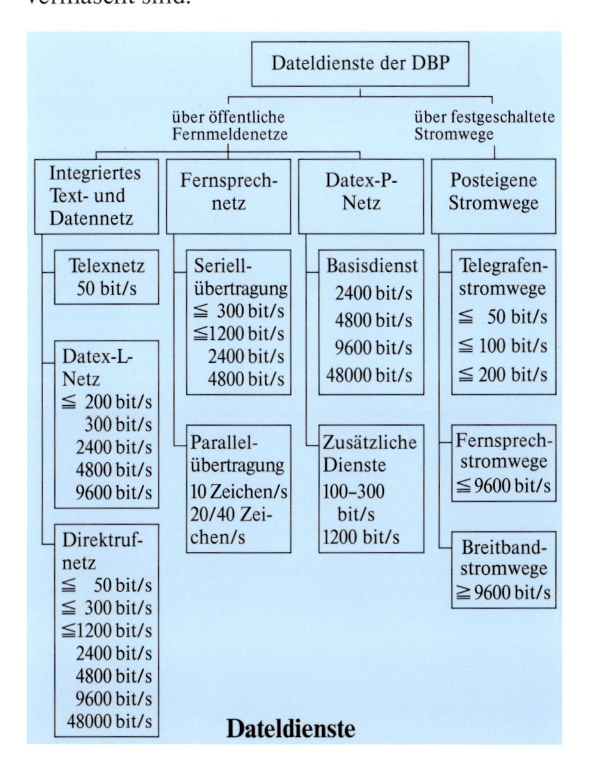

**Dateldienste**

## Datex-P

Ein von der Deutschen Bundespost angebotenes Datenübertragungsnetz mit → *Datenpaketvermittlung.* Die möglichen Übertragungsgeschwindigkeiten reichen von 110 bis 48 000 bit/s. Über Datex-P ist es möglich, weltweit an andere öffentliche Netze zu gelangen. Da die → *Protokolle* genormt sind, ist die

Kompatibilität zwischen den Teilnehmern sichergestellt. Die → *X.25*-Empfehlung regelt die Übertragung. Anpaßschaltungen gestatten es aber auch, herstellereigene Protokolle und → *Datenendeinrichtungen* mit → *Asynchron- oder Synchronübertragung* zu verwenden.
Die Gebühren setzen sich zum einen aus einer monatlichen Grundgebühr zusammen, die abhängig von der Geschwindigkeit ist, und zum anderen aus den Verbindungsgebühren, deren Höhe von der übertragenen Datenmenge und nicht von der Entfernung abhängt.

## D/A-Wandler

digital analog converter

Umkehrfunktion des → *A/D-Wandlers.*

## Decodieren

decoding

Umkehrfunktion des Codierens; → *Code.*

## Demultiplexer

demultiplexer

Umkehrfunktion des → *Multiplexers.*

## Dezibel

decibel

Abkürzung: dB; Dezibel ist die Maßeinheit für einen Pegel. Der Pegel stellt das logarithmische Verhältnis einer Größe zu einer Bezugsgröße dar, z. B. bedeutet die Abschwächung eines Lichtsignals auf die Hälfte eine Änderung des Pegels um 3 dB.

## DFS, DFS-Neue Dienste

**D**eutsches **F**ernmelde-**S**atelliten-System; die Deutsche Bundespost beabsichtigt, für die Bereitstellung schneller Datendienste ein satellitengestütztes Netz zu installieren. Bereits Ende 1983 wurde der Entwicklungs- und Lieferauftrag an ein Firmenkonsortium erteilt, an dem unter anderem auch SEL, Stuttgart, beteiligt ist.
Neben schwerpunktmäßiger Ausrichtung auf Datendienste ist vorgesehen, auch Querleitungen zwischen Nebenstellen über das DFS-Netz zu führen. Gleichzeitig will die Deutsche Bundespost das DFS-Netz möglichst frühzeitig um zusätzliche ISDN-→ *Leistungsmerkmale* erweitern und Schnittstellen zum öffentlichen Netz herstellen.

## Dialog, Dialogbetrieb

dialog, dialog operation

Im allgemeinen Sinn ist Dialog der wechselseitige Austausch von Informationen. Im technischen Sinn können das sowohl Maschine-Maschine-Dialoge als auch Mensch-Maschine-Dialoge sein (→ *Duplex*).

## Dienst

service

Gemeint sind hier die Dienste, die der Betreiber einer Telekommunikationseinrichtung den Benutzern anbietet bzw. zur Verfügung stellt. Dazu gehören z. B. der Fernsprechdienst, → *Teletex* oder → *Telex*, → *Telefax* und andere. Daneben bestehen besondere Merkmale, sogenannte Dienst- oder → *Leistungsmerkmale*. Darunter versteht man z. B. Anrufumleitung oder Anklopfen (auf einen ankommenden Anruf während eines Gesprächs hinweisen).

## Diensteintegrierendes Digitalnetz

Integrated Services Digital Network

→ *ISDN*.

## digital, Digitaltechnik

digital, digital technology

In der Technik eine Darstellung von Daten und Meßwerten in Ziffern, also schrittweise und nicht kontinuierlich, → *analoges und digitales Signal.*

## Direktrufnetz

hot line

Im öffentlichen Direktrufnetz werden → *Hauptanschlüsse für Direktruf (HfD)* über festgeschaltete Leitungen (Standleitungen) miteinander verbunden. Deshalb benötigen sie keine Rufnummer; es genügt, eine Anruftaste zu betätigen, da der Adressat immer derselbe ist. Da die Übertragungskanäle schmal- oder breitbandig sein können, sind derzeit verschiedene Übertragungsgeschwindigkeiten von 50 bis zu 48 000 bit/s möglich.

## Direktstrahlender Satellit

direct broadcasting satellite

→ *Satellitenfunk*

## Display

Bildschirm, synonym gebraucht Anzeigemonitor, → *Datenendeinrichtung.*

## D-Kanal

D-channel

Im → *ISDN* wird der 16-kbit/s-Steuerkanal auch D-Kanal (von der Benutzerschnittstelle zur Vermittlungsstelle) genannt. In diesem Kanal werden alle zur Steuerung, Codierung und korrekten Übertragung nötigen Protokolle abgewickelt.
Das D-Kanal-Protokoll ist in drei Schichten gemäß dem → *ISO/OSI-Schichtenmodell* gegliedert: Schicht 1 für die physikalischen Funktionen, Schicht 2 für die Übermittlungsabschnitt-Sicherung und Schicht 3 für die Zeichengabeinformation.

| Schicht | D-Kanal | B-Kanal (Durchschaltevermittlung) |
|---|---|---|
| 3 | Schicht-3-Adresse<br>Dienste-Identifizierung<br>Unteradresse<br>Netzmeldungen | |
| 2 | HDLC-Prozeduren<br>Schicht-2-Adresse<br>Informationsdienst | |
| 1 | 16 kbit/s | 64 kbit/s |
| | Aktivierung, Wartung, Synchronisation | |

## DRCS

Abkürzung von **D**ynamically **R**edefinable **C**haracter **S**et. Darunter wird eine von der → *CEPT* für Europa festgelegte Standardisierung der freiprogrammierbaren Zeichen im → *Bildschirmtext* verstanden.

*Dup-, Seite 38*

## Duplex

duplex

Eine → *Betriebsart*, bei der die gleichzeitige Übertragung in beide Richtungen möglich ist. Um den Begriff von → *Halbduplex* abzugrenzen, spricht man hier auch von Vollduplex.

## Dynamikbereich

dynamic range

Damit wird das Verhältnis von größter zu kleinster einwandfrei zu verarbeitender Signalspannung ausgedrückt. Die Maßeinheit ist → *Dezibel.*

## Echo

echo

Ein durch Reflexion entstandenes (unerwünschtes) Signal, das zum Sender zurückkehrt. Ein Echo im technischen Sinn entsteht unter anderem im Fernsprechapparat an der → *Gabelschaltung* auf der Seite des Hörers. Besonders bei langen Fernschaltungen, an denen Satelliten und/ oder Seekabelverbindungen beteiligt sind, nimmt der störende Einfluß des Echos zu.

## Echokompensationsverfahren

echo compensation method

Um → *Echos* im → *ISDN* auf der Strecke zwischen Vermittlung und Teilnehmer zu beseitigen, wird das Echokompensationsverfahren angewandt: Dabei trennt eine → *Gabelschaltung* (die zum Übergang von → *Zweidraht-* auf → *Vierdrahtleitungen* dient) die beiden Richtungen; gleichzeitig verringert ein Echokompensator die über die Gabel kommenden Sendesignale im Empfangsteil.
Da im ISDN gleichzeitig je zwei Basiskanäle (je 64 kbit/s) und ein Steuerkanal (16 kbit/s) in beide Richtungen übertragen werden, müssen die Signale in jede Richtung sauber getrennt werden. Dabei hat sich in Betriebsversuchen das Echokompensationsverfahren als besonders wirkungsvoll herauskristallisiert. Deshalb hat sich die Deutsche Bundespost dazu entschlossen, dieses Verfahren im ISDN standardmäßig anzuwenden.

## Echoprüfung

echo check

Ein Verfahren, mit dem die Richtigkeit der Daten-

*ECM-, Seite 40*

übertragung überprüft wird. Dabei sendet die empfangende Station die ankommenden Signale zum Sender zurück, wo sie mit den Originaldaten verglichen werden.

## ECMA

Abkürzung für **E**uropean **C**omputer **M**anufacturers **A**ssociation; Europäische Vereinigung zur Erarbeitung von Standards, in der die europäischen Computerhersteller zusammengeschlossen sind.

## EDS

Abkürzung für **E**lektronisches **D**atenvermittlungs-**S**ystem; es handelt sich hier um ein vollelektronisches, programmgesteuertes Vermittlungssystem für Text- und Datentechnik, das bereits Ende der 70er Jahre die bestehende elektromechanische Fernschreibvermittlung ablöste und die Integration ins → *IDN* (Integriertes Text- und Datennetz) ermöglichte.

## EIA

Abkürzung für **E**lectronic **I**ndustries **A**ssociates; ein Zusammenschluß von US-Elektronikfirmen, der auch für → *ANSI* arbeitet. Normen für → *Schnittstellen* beginnen mit RS und IEB.

## Einmodenfaser

single-mode fiber

→ *Lichtwellenleiter,* → *Moden.* In einer Einmodenfaser kann sich nur Licht eines einzigen Wellentyps ausbreiten. Erreicht wird dies durch einen äußerst kleinen Kerndurchmesser (weniger als 10 µm).

## Electronic Mail

Auch Elektronische Post genannt; es geht dabei um die Übertragung von Text-, Festbild- und Sprachinhalten mittels DV- oder Textsystemen, die in einem elektronischen Postfach eines Empfängers so lange abgelegt werden, bis dieser sie abruft. Ein solches Mailbox-System ist z. B. das → *Telebox*-System, bei dem über einen Zentralrechner von einem Terminal zu einem anderen Text- und Grafikinformationen übertragen werden.

## Endgerät

terminal

→ *Datenendeinrichtung.* Ein Endgerät ist ein Gerät für den Anwender zur Nutzung eines → *Dienstes,* z. B. Telefon, Fernkopierer (→ *Telefax*).

## Endgeräte-Anpassung

terminal adapter

Die Endgeräte-Anpassung ist eine Bau- oder Funktionsgruppe, die zum Anschluß von Geräten an → *Dienste* benötigt wird, wenn diese Geräte ursprünglich nicht für den Dienst geeignet sind, z. B. von Nicht-ISDN-Endeinrichtungen an das → *ISDN.*

## Erlang

Agner Krarup Erlang, dänischer Mathematiker (1878-1929), befaßte sich besonders mit Problemen des Verkehrsflusses in Fernsprechnetzen. Nach ihm wurde die Einheit des Verkehrswerts einer Leitung benannt (0 Erl = dauernd frei, 1 Erl = dauernd belegt).

# Ethernet

Ein → *LAN* (Local Area Network oder Lokales Netz), das eine Busstruktur hat und auf das mit → *CSMA* zugegriffen wird. Die maximale Übertragungsgeschwindigkeit liegt bei 10 Mbit/s. Als eines der ersten LAN ist es heute ein Standard, der von → *IEEE* unter 802.3 übernommen wurde. Ein Übertragungsmedium ist das → *Koaxialkabel*; mittlerweile werden, z. B. von SEL, auch → *Lichtwellenleiter* dafür angeboten.

# Eurosignal

→ *Funkruf*

# EWS

Abkürzung für **E**lektronisches **W**ählsystem im öffentlichen Fernsprechnetz; ein zentraler Rechner in der Vermittlung schaltet nach Eingang der Wählimpulse die Kontakte im Sprechkanal. Die Wählinformation wird zuerst in einem Rechner verarbeitet, daher auch: indirekt gesteuerte Vermittlung. Der Rechnereinsatz erlaubt zusätzliche → *Leistungsmerkmale.*

## Faksimile

facsimile

Synonym Fernkopieren, → *Telefax.*

## Faser

fiber

→ *Lichtwellenleiter*

## FDMA

**F**requency **D**ivision **M**ultiple **A**ccess, ein Zugriffsverfahren, bei dem zur Übertragung mehrere Frequenzen verwendet werden (→ *Multiplex-Verfahren*).

## Feedback

Rückkopplung; man beschreibt damit die Rückführung eines Ausgangssignals auf dessen Eingang, um einen Regelkreis schließen zu können.

## Fernkopieren

telecopy

Synonym Faksimile, → *Telefax.*

## Fernschreiber

teletype

→ *Telex.*

*Fer-, Seite 44*

*Fernschreiber LO 3003*

## Fernsprechnetz

telephone network

Das öffentliche Fernsprechnetz ist das weltweit bestausgebaute flächendeckende Netz für die Individualkommunikation. Es ist in hierarchische Ebenen aufgegliedert: Die höchste Ebene bildet das Weltfernnetz, das mit Seekabeln oder Funkverbindungen die Kontinente miteinander verbindet. Die darunter liegenden Ebenen bilden die nationalen Fernsprechnetze, die aus Durchgangsfernnetzen, Verteilfernnetzen und Endfernnetzen sowie den Ortsnetzen bestehen. Das Fernsprechnetz ist noch überwiegend ein Netz mit analoger Übertragungs- und Vermittlungstechnik.
Dieses Netz ist von seiner Konzeption her auf die Sprachübertragung ausgelegt. Inzwischen wird, um

einmal die bereits im Boden liegenden Kupferkabel noch besser zu nutzen und weil es trotz höheren Bandbreitebedarfs ganz einfach billiger ist, vom analogen auf ein digitales Netz umgestellt. Denn in einem digital arbeitenden Netz können neben Sprache auch Daten, Texte und Festbilder transportiert werden, da Informationen immer aus digitalen Einsen oder Nullen bestehen.
So werden in der Bundesrepublik Deutschland bereits seit 1983 digitale Fernsprechvermittlungen erprobt und eingesetzt (zum Beispiel → *System 12* von SEL), die eine der Grundlagen für die Realisierung des → *ISDN* bilden. Bis aber die Vermaschung aller Orts- und Fernvermittlungsstellen, die mit digitaler Technik arbeiten, flächendeckend erreicht ist, wird das nächste Jahrtausend angebrochen sein. Schätzungen der Bundespost besagen, daß etwa im Jahr 2020 das ISDN vollständig, das heißt bis in das kleinste Dorf, realisiert sein wird.

## Fernwirktechnik

remote control technology

Mit Fernwirktechnik sind alle Einrichtungen gemeint, die zum Fernüberwachen und Fernsteuern räumlich entfernter Objekte von einem oder mehreren Orten aus gebraucht werden. Typische Anwendungen sind Fernablesen von Strom, Wasser, Gas, aber auch das Weiterleiten von Not- und Hilferufen, das Fernüberwachen von Fahrstühlen, Rolltreppen, Temperaturen in Kühl- und Heizungsanlagen, das Fernauslösen von Feuer- und anderen Alarmen, das Lenken von Verkehrsströmen und Parkleitsysteme. Es ist geplant, Fernwirktechnik auch über das vorhandene Telefonnetz abzuwickeln. Dazu prüft die Deutsche Bundespost seit 1987 in 11 Städten der Bundesrepublik Deutschland in einem Pilotversuch den neuen Dienst → *TEMEX,* was von **Te**le**m**etry **Ex**change kommt und einen weiteren Datendienst der Deutschen Bundespost darstellt. Speziell zu den Einrichtungen der Fernwirktechnik mit TEMEX gehören Netzabschlüsse, TEMEX-Zentralen und -Hauptzentralen (THZ) samt der dazugehörigen Software, die der Deutschen Bundespost von der Industrie zur Verfügung gestellt werden.

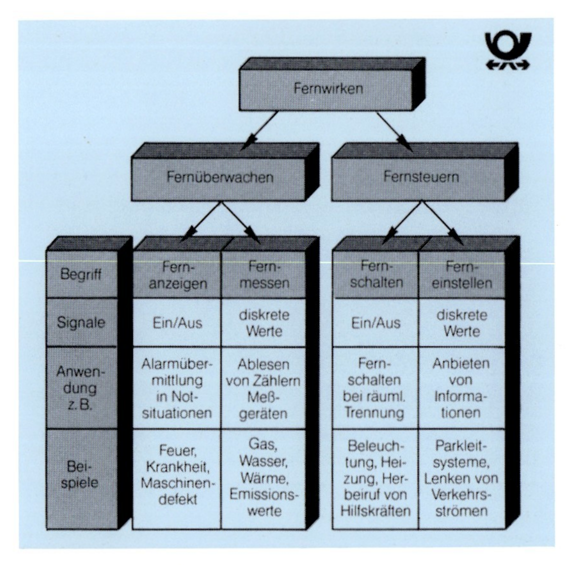


*Schematischer Überblick „Fernwirken“*

## Festbildkommunikation

still picture communication

Bei der Form der Festbildkommunikation werden feststehende Bildvorlagen übermittelt. Dazu wird eine punktweise Abtastung der Vorlage vorgenommen. Das Ergebnis ist ein faksimilecodiertes Quellensignal. Formen der Festbildkommunikation sind z. B. Fernseh-Einzelbild oder → *Telefax*.

## Frequenzband

frequency band

Frequenzband bedeutet einen Ausschnitt aus einem Frequenzspektrum, der für bestimmte besondere Aufgaben bestimmt ist.

## Frequenzmodulation, FM

frequency modulation

Die Information moduliert die Frequenz der Trägerschwingung, → *Modulationsverfahren.*

## Frequenzmultiplexer

frequency multiplexer

→ *Multiplexverfahren.*

## FSK

Abkürzung für **F**requency **S**hift **K**eying; bei der Frequenzmodulation (→ *Modulation*) eingesetztes Verfahren der Frequenzumtastung, wobei eine bestimmte Frequenz die digitale „Eins" darstellt, eine andere die digitale „Null".

## FTZ

Abkürzung für **F**ernmelde**t**echnisches **Z**entralamt mit Sitz in Darmstadt und Berlin, die Forschungsstelle der Deutschen Bundespost. Das FTZ vergibt unter anderem die sog. FTZ-Nummer für alle Geräte, die eine Postgenehmigung benötigen. Dazu gehören alle Einrichtungen, die an Posteinrichtungen angeschlossen werden oder mit posteigenen Geräten oder Netzen kooperieren. Die FTZ-Nummer besagt, daß ein Gerät hinsichtlich seiner technischen Daten den postalischen Anforderungen genügt.

## Funkruf

### European radio paging service

Europäischer Funkrufdienst (Eurosignal); damit kann man Codesignale von allen Fernsprechstellen zu beweglichen Teilnehmern übermitteln, die mit entsprechenden Empfängern ausgerüstet sind. Bis zu vier unterschiedliche Informationen je Teilnehmer können übertragen werden.
Im Gegensatz zum Autotelefon (öffentlicher beweglicher Landfunkdienst) hat der Funkruf den Vorteil erheblich kostengünstiger zu sein, und das Gerät kann wegen seiner geringen Abmessungen immer mitgeführt werden. Andererseits ist ein Dialogbetrieb nicht möglich.

## Gabelschaltung

hybrid

Schaltung zur Trennung bzw. Zusammenführung der beiden Übertragungsrichtungen, z. B. in Fernsprechapparaten, und beim Übergang von → *Zwei-* auf → *Vierdrahtleitungen.*

## Gateway

Verbindung von ungleichen Netzen, im Gegensatz zu → *Bridge*, der Verbindung von gleichartigen Netzen. Ein Gateway hat deshalb die Aufgabe, unterschiedliche Kommunikationsprotokolle (→ *Protokolle*) umzusetzen. Meist wird dafür ein spezieller Rechner eingesetzt.

## Gentexdienst

**Gen**eral **T**elegraph **Ex**change, Bezeichnung für Telegrammwähldienst.

## Glasfaser

optical fiber

→ *Lichtwellenleiter (LWL)*

## Gleichlaufsteuerung

synchronization control

Mit Gleichlaufsteuerung sind Synchronisationstechniken zwischen Sender und Empfänger einer Übertragung gemeint, deren wichtigste das → *Asynchron-* und das → *Synchron*-Verfahren sind.

## Gradientenprofilfaser

gradient index fiber

→ *Lichtwellenleiter.*

# Gruppenlaufzeit

group delay time

Die Gruppenlaufzeit ist die Laufzeit eines Signals, das sich aus mehreren/vielen einzelnen Signalen zusammensetzt, entlang einer Leitung. Unterschiedliche Laufzeiten der einzelnen Frequenzen führen zu Verzerrungen des Signals.

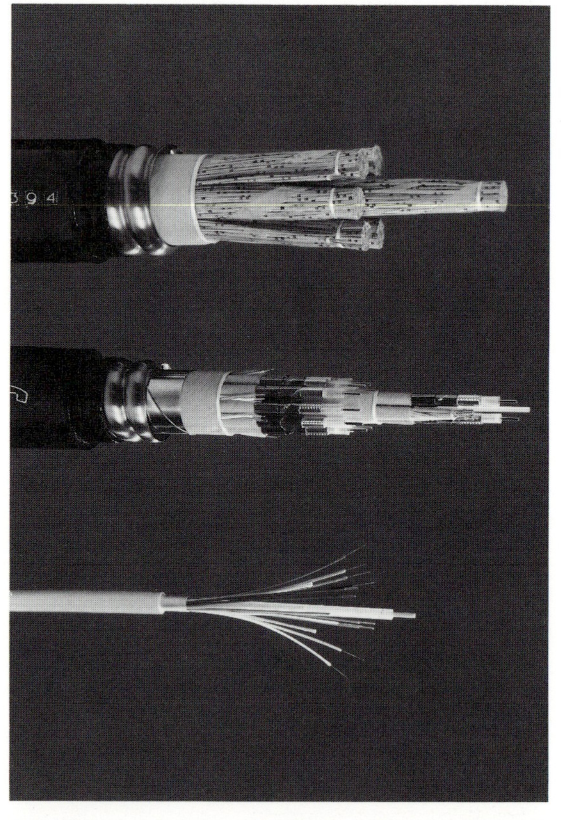

*Von oben nach unten: Kupferdoppeladern, Koaxialkabel, Lichtwellenleiter*

## Halbduplex

half duplex

Eine → *Betriebsart*, bei der Informationen abwechselnd in beide Richtungen gesendet werden, d. h. Sender und Empfänger tauschen ihre Rollen, so daß ein Dialog möglich wird.

## Hauptanschluß für Direktruf (HfD)

→ *Direktrufnetz.*

## HDB3-Code

→ *Leitungscode.*

## HDLC

Abkürzung von **H**igh Level **D**ata **L**ink **C**ontrol, eine codeunabhängige Prozedur zur bitorientierten Steuerung und Sicherung von Datenübertragungen. HDLC gestattet es, in beide Richtungen gleichzeitig zu übertragen (→ *duplex*). Bei der Übertragung werden die Daten in Blöcke geteilt, die jeweils noch mit Steuer- und Prüfinformationen ergänzt werden. Diese helfen der Empfangsstation, die Richtigkeit der Sendung zu überprüfen. Wird ein Block vom Empfänger nicht quittiert, so unterbricht der Sender die laufende Übertragung und überträgt den nicht quittierten Block erneut.

## HfD

→ *Direktrufnetz*

## Hilfskanal

backward channel

Bei einer Datenübertragung gestattet ein Hilfskanal, Daten, z. B. Steuer- und Prüfdaten, entgegengesetzt zur Übertragungsrichtung zu senden. Hilfskanäle kommen zum Beispiel in → *Modem* zum Einsatz.

## Hohlleiter

wave guide

Synonym: Wellenleiter; Hohlleiter sind Leiter in Form von Rohren, in denen elektromagnetische Wellen sehr hoher Frequenzen breitbandig übertragen werden.

## Hz

Maßeinheit für Schwingungsanzahl pro Sekunde, 1 Hz = 1 Schwingung je Sekunde.
Heinrich Hertz, deutscher Physiker (1857–1894), entdeckte 1886 die elektromagnetischen Wellen. Nach ihm wurde diese Einheit benannt.

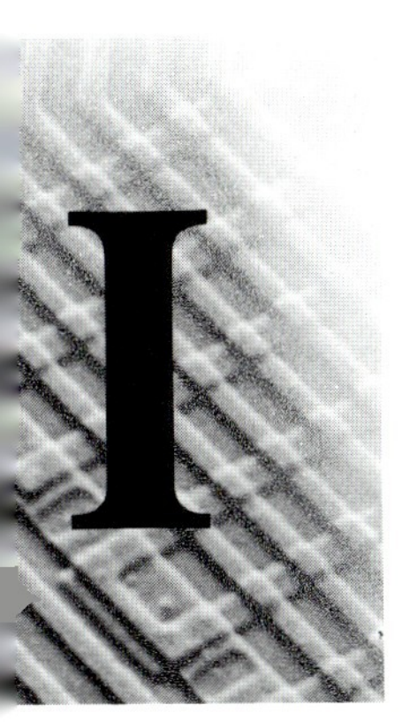

## IBFN

Abkürzung von **I**ntegriertes **B**reitbandiges **F**ernmelde**n**etz. Das IBFN stellt eine Weiterentwicklung der Fernmeldenetze vom → *ISDN* über das → *B-ISDN* dar. Voraussetzung ist nicht nur die vollständige Digitalisierung aller Vermittlungsstellen und der Übertragungstechniken, sondern auch ein flächendeckendes Glasfasernetz (→ *Lichtwellenleiter*), das für die breitbandigen Verteildienste (z. B. Fernsehen und Rundfunk) nötig ist. Bis zur vollständigen Realisierung werden aber noch viele Jahre vergehen. Ein bereits heute laufendes Projekt in dieser Richtung ist → *Berkom.*

## IC

integrated circuit

→ *Chip.*

## IDN

Integrated Digital Network

Abkürzung für **I**ntegriertes Text- und **D**aten**n**etz bzw. für **I**ntegrated **D**igital **N**etwork; das IDN ist das bereits realisierte integrierte Text- und Datennetz der Deutschen Bundespost. In diesem Netz sind paket- und leitungsvermittelte Übertragungsdienste über Standleitungen integriert. Das IDN umfaßt alle öffentlichen digitalen → *Dateldienste* wie → *Telex,* → *Teletex,* → *Datex* und → *Direktruf.* Seit 1974 wird dieses Netz mit → *EDS*-Vermittlungsstellen aufgebaut. Das IDN soll später in das → *ISDN* integriert werden.

## IEC

Abkürzung von **I**nternational **E**lectrotechnical

*IEE-, Seite 54*

**C**ommission; eine internationale Kommission mit Sitz in Genf, die sich mit der Normung von → *Schnittstellen* befaßt, deren Bezeichnungen mit IEC beginnen. Die bekannteste Schnittstelle ist der IEC-Bus, deren amerikanische Version unter → *IEEE* 488 läuft und auch unter dem Namen GPIB (**G**eneral **P**urpose **I**nterface **B**us) bekannt ist.

## IEEE

Abkürzung von **I**nstitute of **E**lectrical and **E**lectronics **E**ngineers; der Verband der amerikanischen Elektroingenieure mit Sitz in New York, der internationale Standards erstellt.

## Impedanz

impedance

Scheinwiderstand; setzt sich zusammen aus dem Ohmschen Widerstand und dem kapazitiven bzw. induktiven Blindwiderstand. Bei Hochfrequenzkabeln versteht man unter Impedanz den Wellenwiderstand einer Leitung.

## Interface

amerikanischer Ausdruck für → *Schnittstelle.*

## ISDN

Abkürzung von **I**ntegrated **S**ervices **D**igital **N**etwork, deutsch: Diensteintegriertes digitales Netz; mit ISDN wird das digitale öffentliche Fernmeldenetz bezeichnet, das unter einer Rufnummer auf einer Anschlußleitung die gleichzeitige Übertragung von Sprache, Daten, Text und Bildern ermöglicht. Die Übertragungskapazität im ISDN wird pro → *Basisanschluß* mit zwei Basis- oder Nutzkanälen (→ *B-Kanäle* mit je 64 kbit/s) und einem Steuer- oder Signalisierungskanal (→ *D-Kanal* mit 16 kbit/s) bei 144 kbit/s liegen.

Bisher gibt es für verschiedene Dienste verschiedene historisch gewachsene Netze. So ist das → *Fernsprechnetz* speziell für die Sprachkommunikation konzipiert. Schon 1933 kam das → *Telex*-Netz dazu. Später folgten die → *Datex*-Netze (1967 → *Datex-L* und 1977 → *Datex-P*).
Alle Postverwaltungen müssen, um dem Bedarf nachzukommen, verschiedene Netze parallel betreiben. Spezialnetze aber sind unwirtschaftlich, weil sie nicht flächendeckend aufgebaut sein können und weil sie auch die Produktion von großen Stückzahlen ihrer Endgeräte nicht zulassen. Mit der Möglichkeit, Sprache zu digitalisieren, eröffnete sich die Möglichkeit, alle bisherigen Spezialnetze zu integrieren. Da das Fernsprechnetz am besten ausgebaut ist, liegt es nahe, dieses Netz für die Diensteintegration zu benutzen. Voraussetzung dafür ist allerdings auch die Digitalisierung aller Vermittlungsstellen. In diesem Stadium befinden wir uns derzeit. Seit 1985 wurden und werden die (Orts-, Fern-, Durchgangs- und Auslands-)Vermittlungen mit digitaler Technik (z. B. → *System 12* von SEL) ausgerüstet.
Im ISDN kann der Anwender über eine einheitliche standardisierte Schnittstelle (→ $S_0$) Endgeräte für die verschiedenen Dienste ans Netz anschließen. Diese Basisschnittstelle stellt eine Universalsteckdose vom Nutzer zum öffentlichen Bereich dar. Insgesamt können jedoch an der Benutzerschnittstelle, dem → *Basisanschluß,* bis zu acht Geräte angeschlossen werden, von denen jeweils zwei gleichzeitig in Betrieb sein können. Dabei können nicht-ISDN-angepaßte Geräte über eine TA (Terminal Adapter) genannte Anpassung ebenfalls angeschlossen werden.

*Bild folgende Seite:*

*Konfiguration des ISDN-Pilotprojekts der Deutschen Bundespost auf der Basis einer System-12-Ortsvermittlungsstelle.*

*ISD-, Seite 56*

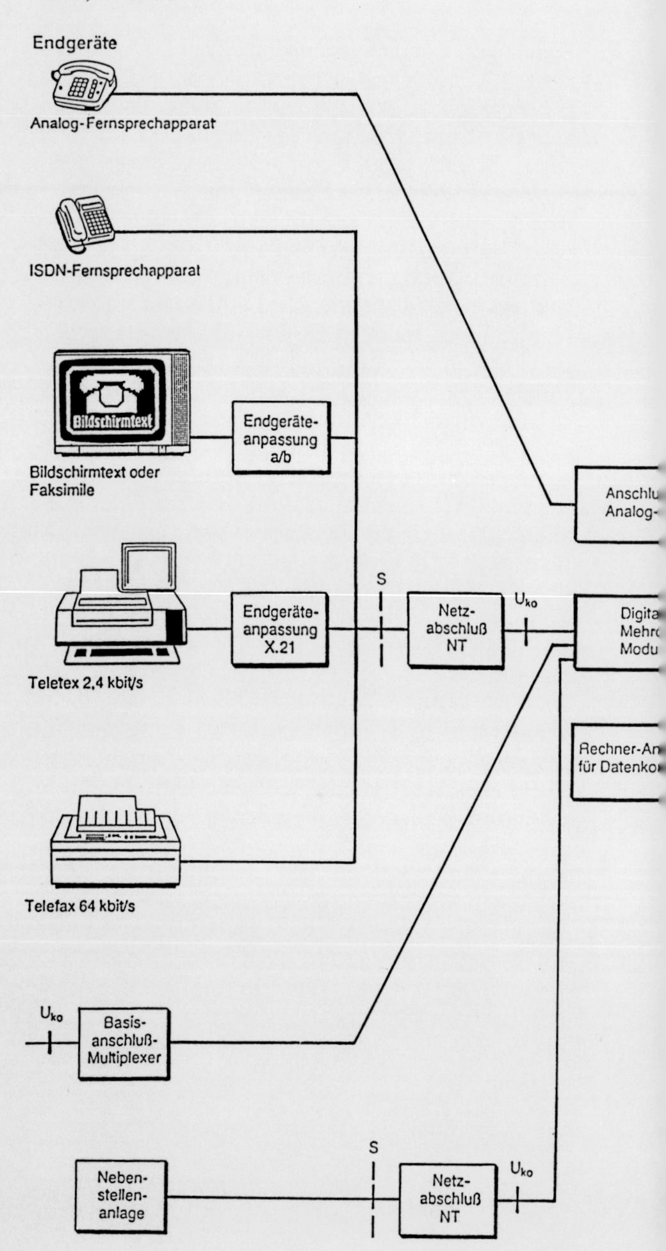

Endgeräte
Analog-Fernsprechapparat
ISDN-Fernsprechapparat
Bildschirmtext
Endgeräte-anpassung a/b
Bildschirmtext oder Faksimile
Endgeräte-anpassung X.21
S
Netz-abschluß NT
$U_{ko}$
Teletex 2,4 kbit/s
Telefax 64 kbit/s
$U_{ko}$
Basis-anschluß-Multiplexer
Neben-stellen-anlage
S
Netz-abschluß NT
$U_{ko}$

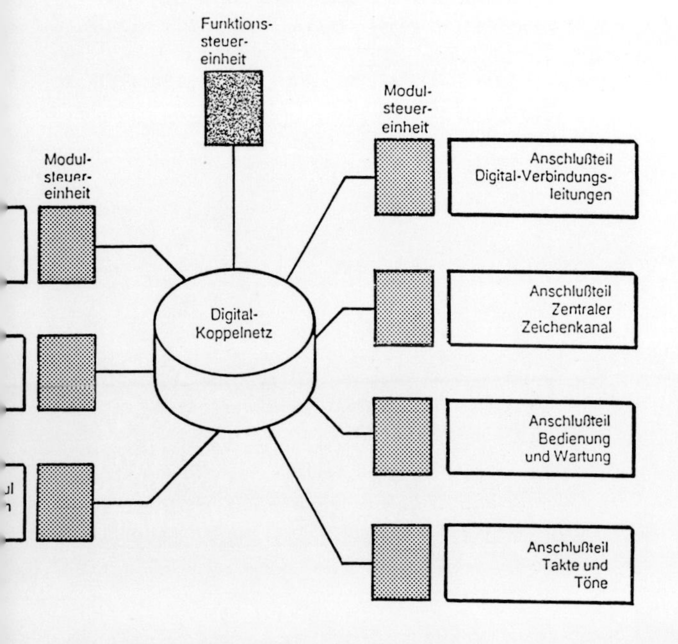
ISDN-
Vermittlungsstelle
Funktions-
steuer-
einheit
Modul-
steuer-
einheit
Modul-
steuer-
einheit
Anschlußteil
Digital-Verbindungs-
leitungen
Digital-
Koppelnetz
Anschlußteil
Zentraler
Zeichenkanal
Anschlußteil
Bedienung
und Wartung
Anschlußteil
Takte und
Töne

*ISD-, Seite 58*

## ISDN-Simulator

# ISDN simulator

Genauer: Simulator für das D-Kanal-Protokoll im ISDN (ein Produkt von SEL) ist ein Testwerkzeug, mit dem das spezifikationsgemäße Verhalten von ISDN-Einrichtungen an den → $S_0$- und anderen → *Schnittstellen* überprüft werden kann. Dabei geht es um die Signalisierung zwischen Endgerät und Vermittlung (→ *D-Kanal*) und die Übertragung von Nachrichten im ISDN.

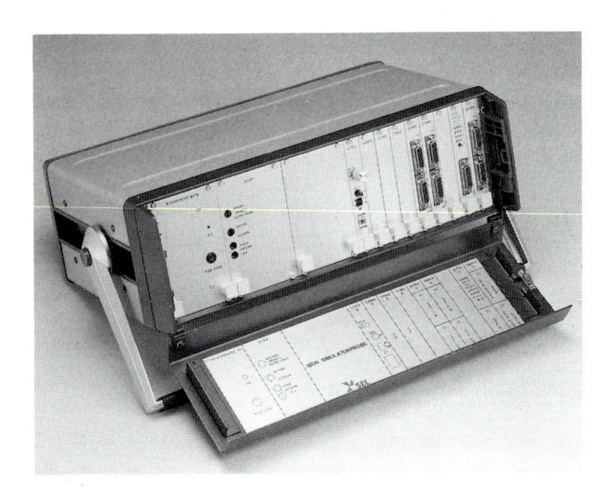


## ISO

Abkürzung von **I**nternational **S**tandardization **O**rganization; internationaler Zusammenschluß aller Normungsausschüsse aus mehr als 50 Ländern. Die ISO ist im Bereich der Daten- und Telekommunikation das derzeit wichtigste Gremium, das Standards definiert. Speziell sind bisher erarbeitete Normen unter dem Stichwort → *ISO/OSI-Referenz-* oder 7-Schichten-Modell bekannt. → *OSI* steht für **O**pen **S**ystems **I**nterconnection.

## ISO/OSI-Referenzmodell

# ISO/OSI reference model

Synonyme: OSI-Schichtenmodell oder 7-Schichten-Modell; das von der ISO formulierte Modell legt in sieben Funktionsebenen fest, wie die grundsätzlichen Funktionen aller Kommunikationsvorgänge in der Datenübertragung und Telekommunikation vonstatten gehen sollen. Gleichzeitig werden darin die Schnittstellen zu der jeweils nächsthöheren Ebene beschrieben. Allerdings liegen heute nur die Definitionen für die Schichten 1 bis 3, zum Teil auch Schicht 4, fest.
Ausgangspunkt des Modells ist, daß verschiedene Systeme über ein Transportmedium miteinander verbunden sind. Der zwischen den Systemen stattfindende Kommunikationsvorgang wird nun in sieben funktionale Schichten aufgeteilt. Jede Schicht bietet der nächsthöheren bestimmte Leistungen an. Die Informationen zwischen den Schichten werden über → *Protokolle* geregelt.
Die definierten Schichten sind von unten nach oben:

- ☐ die → *physikalische Schicht* (Ebene 1), physical layer
- ☐ die Übertragungs- oder → *Datensicherungsschicht* (Ebene 2), link layer
- ☐ die → *Netzwerkschicht*, auch Vermittlungsschicht (Ebene 3), network layer
- ☐ die → *Transportschicht* (Ebene 4), transport layer
- ☐ die → *Sitzungsschicht* (Ebene 5), session layer
- ☐ die → *Darstellungsschicht* (Ebene 6), presentation layer und
- ☐ die → *Anwendungsschicht* (Ebene 7), application layer

*ISO-, Seite 60*

In einem offenen Netzwerk müssen die Ebenen 1 bis 4 festgelegt sein, damit eine Kommunikation stattfinden kann.

| | | | |
|---|---|---|---|
| 7 | Anwendungsschicht | (Application Layer) | Anwendungs-protokolle |
| 6 | Darstellungsschicht | (Presentation Layer) | |
| 5 | Kommunikations-steuerungsschicht | (Session Layer) | |
| 4 | Transportschicht | (Transport Layer) | Transport-protokolle |
| 3 | Vermittlungsschicht | (Network Layer) | |
| 2 | Sicherungsschicht | (Link Layer) | |
| 1 | Bitübertragungsschicht | (Physical Layer) | |

*ISO-Referenzmodell, Beschreibung der Schichten*

# ITU

**I**nternational **T**elecommunication **U**nion, auch UIT **U**nion **I**nternationale des **T**élécommunications; Unterorganisation der UNO mit knapp 150 Mitgliedsländern. Aufgaben sind die internationale Zuteilung und Registrierung von Sende- und Empfangsfrequenzen, das Vorantreiben neuer Entwicklungen im Bereich der Telekommunikation und die internationale Abstimmung von Aktivitäten auf dem Sektor des gesamten Fernmeldewesens. Technische Empfehlungen werden von → *CCIR* und → *CCITT* erarbeitet.

## Kabelfernsehen

cable television

Synonym: CATV; ein Verteilnetz für Rundfunk- und Fernsehprogramme. Die technische Anlage besteht aus einer Kabelsendestelle oder Kopfstation, an die das Kabelverteilnetz angeschlossen ist. Das Kabelverteilnetz beruht auf Breitband- → *Koaxialkabel*-Technik. Über entsprechende Antennenanlagen in der Kopfstation ist es auch möglich, Satellitenfernsehprogramme ins Netz einzuspeisen.

## Kanal

channel

Dies ist die allgemeine Bezeichnung für einen Übertragungsweg für → *Signale.* Erst Zusätze weisen auf den eigentlichen Verwendungszweck hin, z. B. Datenkanal, Fernsehkanal, Fernsprechkanal. Andere Zusatzinformationen bestimmen das Übertragungsmedium: z. B. draht- oder → *lichtwellenleiter*-gebundener Kanal, Funkkanal. Weiterhin werden auch physikalische Besonderheiten erkennbar, z. B. Trägerfrequenzkanal oder Zeitkanal. Ein Übertragungskanal kennt stets nur eine Übertragungsrichtung.

## Knotenrechner

node

Ein Knotenrechner hat in miteinander verbundenen Netzen die Aufgabe, die verschiedenen Geschwindigkeiten anzupassen, optimale Wege zu finden und Übertragungsfehler zu melden.

## Koaxialkabel

coaxial cable

Auch Koax-Kabel genannt; ein Übertragungsmedium, dessen Leistung zwischen der von einfachen → *Zweidraht-* bzw. → *Vierdrahtleitungen* (Fernmeldekabel) und der von → *Lichtwellenleitern* liegt. Datenübertragungsraten bis zu mehreren hundert Mbit/s sind mit Koaxialkabeln möglich. Deshalb ist ein Koaxialkabel ein Hochfrequenzkabel. Koaxialkabel bestehen aus einem Innenleiter, um den nach außen konzentrisch ein Dielektrikum, ein Außenleiter und ein Mantel abgeordnet sind.

## Kollision

collision

Auch Konflikt genannt; von Kollision spricht man in der Datenübertragung dann, wenn zwei Stationen in einem Netzwerk gleichzeitig mit einer Datensendung beginnen wollen. Im schlimmsten Fall kann es zur Datenzerstörung kommen. Abhilfe schaffen geeignete Zugriffsverfahren wie z. B. → *CSMA*.

## Kommunikationsnetz

communications network

Ein Kommunikationsnetz dient der Übertragung von Daten, Sprache, Text oder Bildern zwischen mehreren Partnern. Bis heute werden Daten noch in einem anderen Netz (→ *Datel-Dienste*) transportiert als Sprache (→ *Fernmeldenetz*) oder Texte und → *Festbilder* (→ *Telefax*). Auch gibt es für die verschiedenen Dienste unterschiedliche Endgeräte. In Zukunft werden alle Dienste in einem einheitlichen Netz abgewickelt werden, dem → *ISDN*.

*Kom-, Seite 63*

## Kommunikationssystem

communications system

Ein Kommunikationssystem beinhaltet alle Einrichtungen (Hardware und Software), die zur Übertragung von Informationen (Sprache, Daten, Bilder, Text) zwischen örtlich getrennten Rechnern oder anderen Geräten nötig sind. Damit bezieht sich ein Kommunikationssystem immer auf Netze und auf verteilte Prozesse.

Ein Kommunikationssystem kann auf verschiedene Weise realisiert werden.

1. Die Rechner können durch direkte Leitungen verbunden werden.
2. Eine Verbindung in einem Kommunikationssystem kann über ein Bussystem erfolgen.
3. Spezielle Kommunikationsrechner oder Vermittlungsanlagen übernehmen den Informationstransport. Aber bei einem Kommunikationssystem können die unterschiedlichsten Geräte beteiligt sein: vom Großrechner über Mikrocomputer, Terminals bis zu Peripheriegeräten wie Drucker, Massenspeicher o. ä. Aber auch Telefon, → *Telex-*, → *Teletex-* oder → *Telefax*geräte kommen in einem Kommunikationssystem zum Einsatz.

Im Inhaus-Bereich sind Nebenstellenanlagen (z. B. System 12B von SEL) typische Kommunikationssysteme, wenn es um die Übermittlung von Sprache, Text und Daten geht. Aber auch Lokale Netzwerke (→ *LAN*) sind Kommunikationssysteme, hier handelt es sich ebenfalls um den Transport von Daten, Text und/oder Bildern.

Als Übertragungsmedien dienen → *Zwei-* oder → *Vierdrahtleitungen* (Fernmeldekabel) ebenso wie → *Koaxialkabel* oder → *Lichtwellenleiter.*

In allen Fällen – also bei privaten Netzen wie auch bei den öffentlichen – muß durch Kommunikations-→ *Protokolle* festgelegt werden, nach welchen Regeln die Kommunikationspartner eine Verbindung zum Austausch von Informationen aufbauen, die

*Kom-, Seite 64*

Informationen übertragen und die Verbindung wieder abbauen.
Dazu wurden Standards geschaffen. Im öffentlichen Bereich halten die Postverwaltungen die Monopole über die Art und Gestaltung der Kommunikationssysteme. Dazu stellen sie verschiedene Netze und Dienste zur Verfügung: Für die Sprachübertragung das → *Fernsprechnetz*, für die Datenübertragung die → *Datex-Netze*, → *Telefax* zum Fernkopieren usw. Das Gremium, das international die Standards für die öffentlichen Kommunikationssysteme festlegt, ist der → *CCITT*.

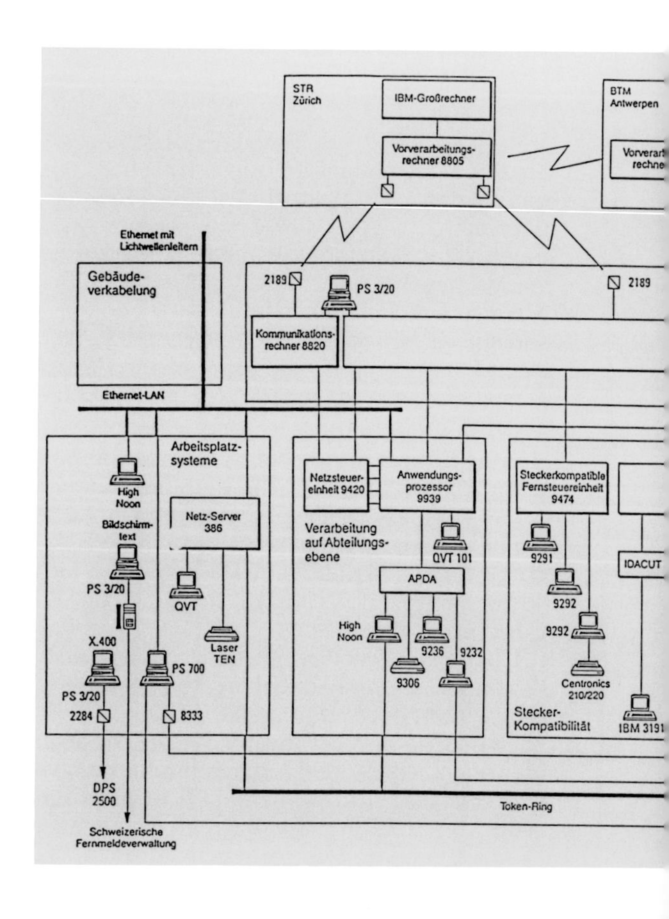

Bei den privaten Netzwerken unterscheidet man zwischen herstellereigenen und herstellerunabhängigen oder offenen Kommunikationssystemen. Von offenen Kommunikationssystemen spricht man dann, wenn zwischen Rechnern unterschiedlicher Hersteller die Übertragung nach genormten Standards vorgenommen wird. Das wichtigste Normierungsgremium in diesem Zusammenhang ist die → *ISO*, die die grundsätzlichen Funktionen des Kommunikationsvorgangs im → *ISO/OSI-Referenzmodell* festgelegt hat.

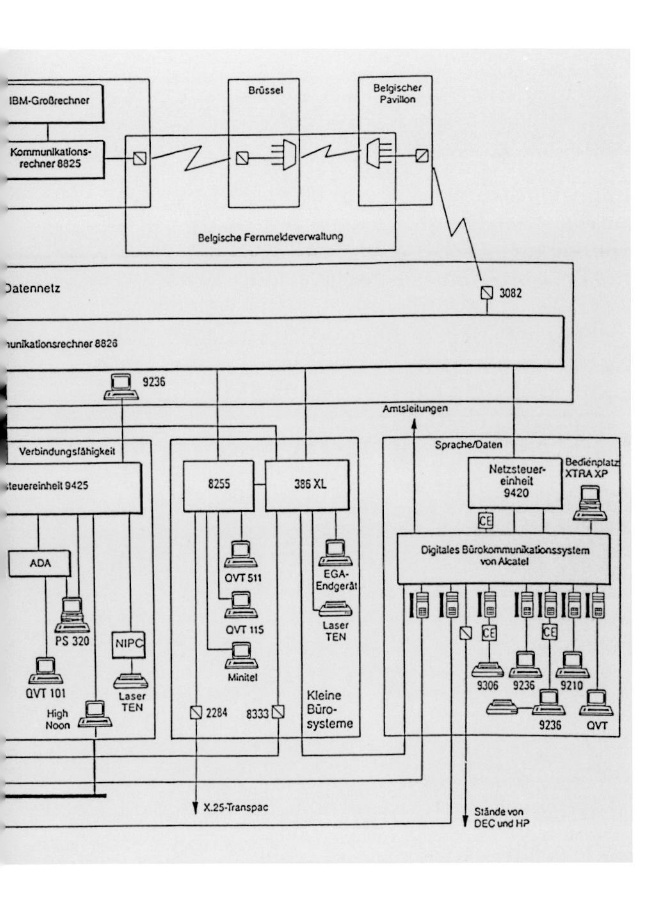

## Konzentrator

concentrator

Ein Konzentrator ist ein Gerät, das mehrere (Daten-) Kanäle auf wenige reduziert. Dies geschieht durch eine Reihe von zum Teil additiven Funktionen: Sammeln, Speichern, Vorverarbeiten, Verändern von → *Codes*, → *Prozeduren* oder Geschwindigkeiten von Daten und Nachrichten. Konzentrieren und – für die Gegenrichtung der Übertragung – Dekonzentrieren sind meist in einem Gerät enthalten.

## Koppelfeld

switching network

Ein Koppelfeld besteht aus mehreren zusammengeschalteten Matrizen (Koppelvielfache) von ankommenden und abgehenden Leitungen, die früher über elektromechanische, heute elektronische Kontakte miteinander verbunden werden. Die Steuerung der einzelnen Kontakte geschieht über einen Prozessor. Im Koppelfeld können zusätzlich auch die gesamten Signalisier- und Steuerfunktionen abgewickelt werden.
Um Koppelpunkte einzusparen, werden die Koppelfelder mehrstufig, d. h. aus mehreren Koppelvielfachen, aufgebaut. Wenn eine Verbindung zwischen den einzelnen Koppelvielfachen nicht geschaltet werden kann, weil keine Leitung frei ist, dann spricht man von innerer Blockierung.
Ein Koppelfeld in Form eines Breitbandkoppelfelds benötigt man für die Verteilung einer Vielzahl von Breitbandsignalen, z. B. im → *B-ISDN*.

## Kurzwahl

abbreviated dialing

→ *Leistungsmerkmal.*

## LAN

Abkürzung von **L**ocal **A**rea **N**etwork, Lokales Netzwerk; dies sind Mehrfachzugriffsnetze, die sich im allgemeinen nur über kurze Entfernungen (von einigen Metern bis maximal zu wenigen Kilometern) erstrecken. In ihnen sind innerhalb einer Organisation oder eines Unternehmens voneinander unabhängige Geräte miteinander verbunden. An einem LAN können Arbeitsplatz- ebenso wie zentrale Rechner oder Peripheriegeräte angeschlossen sein, Mikrocomputer oder Terminals, Minicomputer oder Mainframes. Ein LAN kann auch mit anderen LAN oder mit öffentlichen Netzen über → *Gateways* verbunden sein.

LAN können nach verschiedenen Kriterien klassifiziert werden. Man kann sie nach ihrer → *Topologie* unterscheiden, d. h. ob ihre Grundstruktur einen Stern, einen Bus oder einen Ring darstellt. Im LAN-Bereich setzen sich immer mehr Bus- oder Ringnetze durch.

Das zweite Unterscheidungskriterium für LAN ist das Zugriffsverfahren: das konkurrierende und der „Token". Beim konkurrierenden Zugriff in einem Bussystem (→ *CSMA*) kann jederzeit jede angeschlossene Station versuchen, auf das Netz zuzugreifen, während beim Token ein im Ring zirkulierendes Signal von Station zu Station weitergereicht wird.

Das dritte LAN-Kriterium ist das Übertragungsmedium: Hier kommen sowohl → *Zweidraht-* oder → *Vierdrahtleitungen*, → *Koaxialkabel* und → *Lichtwellenleiter* zum Einsatz. Am weitesten verbreitet sind Koaxialkabel, aber in „rauher" Umgebung kommen zunehmend Glasfaserkabel zur Anwendung, da sie völlig störungsunempfindlich gegenüber elektromagnetischen Einflüssen sind.

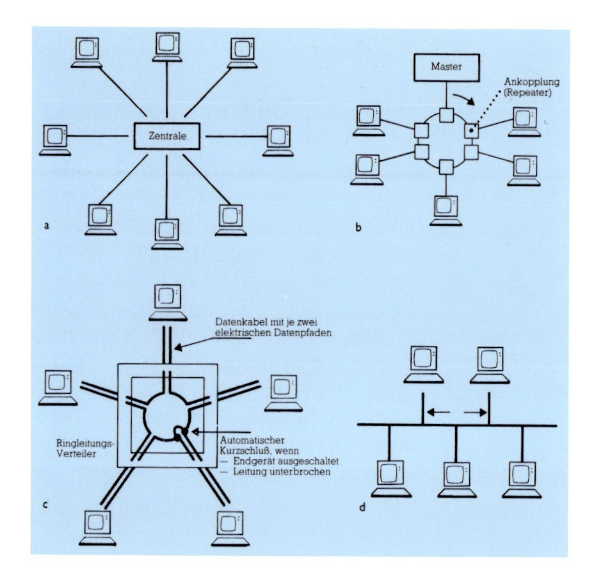


*Token-Ring-Netz* *Busnetz*

Neben den genannten drei Kriterien lassen sich LAN auch in Basisband- oder Breitbandnetze aufteilen. In einem Basisbandnetz werden die Signale direkt in das Kabel eingespeist, und es gibt praktisch nur einen Ein-Kanal-Betrieb (→ *Kanal*). Ein Breitbandnetz dagegen gestattet es, mehrere Datenströme gleichzeitig zu übertragen. Hierzu sind aber → *Koaxialkabel* oder → *Lichtwellenleiter* nötig.
Auch für herstellerunabhängige LAN gilt zunehmend das → *ISO/OSI-Referenzmodell.* Die dort bisher beschriebenen Kriterien genügen den beiden untersten Ebenen und sind je nach LAN in den → *IEEE*- Normen 802.3 (ein Bussystem mit CSMA/CD-Zugriff, das unter der Bezeichnung → *Ethernet* schon vor der Normierung zu einem Industriestandard wurde), 802.4 (ein Breitbandnetz mit Bus-Topologie und Token-Passing-Zugriff, das unter dem Namen MAP von der produzierenden Indu-

strie vorangetrieben wird) und 802.5 (Token Ring) festgelegt. Um eine echte herstellerunabhängige Kommunikation in einem LAN betreiben zu können, müssen die höheren Ebenen noch standardisiert werden.

## Leistungsmerkmale

features

Mit Leistungsmerkmalen werden besondere Eigenschaften und Funktionen eines Fernmeldenetzes beschrieben, die über die eigentliche Vermittlung und Übertragung hinausgehen. Im allgemeinen werden sie auf Antrag gegen besondere Gebühr dem Benutzer zur Verfügung gestellt. Sie können aber auch Eigenschaften eines Endgeräts sein. Beim Telefon sind dies:

- Anrufübernahme: Übernehmen eines eigentlich für einen anderen Apparat bestimmten Anrufs;
- Anrufumleitung: bedeutet den Aufbau einer Verbindung nicht zur angewählten, sondern zu einer bestimmten anderen Sprechstelle (unter „GEDAN“ im Fernsprechnetz bereits angeboten) und als
- Anrufweiterleitung oder -weiterschaltung dann, wenn die angewählte Endstelle eine bestimmte Zeit vergeblich zu erreichen versucht wurde;
- Direktruf: Aufbau einer vorher definierten Verbindung ohne Wahl;
- Kurzwahl: Rufnummern von häufig verlangten Teilnehmern werden unter einer ein- oder zweistelligen Zahl entweder im Endgerät oder teilweise auch in der Vermittlung gespeichert. Nach Eingabe der Kurzwahlnummer wird die zugeordnete, vollständige Rufnummer ausgegeben und gewählt;
- Lauthören: Sprachausgabe über einen zusätzlichen Raumlautsprecher;

□ Ruhe vor dem Telefon: Ankommende Anrufe werden nicht an den Telefonapparat weitergegeben. Der rufende Teilnehmer erhält einen Hinweis;

□ Tastwahl, unechte: schreibt gewählte Ziffern erst in einen Speicher und gibt diese im Wählscheibentakt aus; die echte Tastwahl kann nur in rechnergesteuerten Vermittlungssystemen eingesetzt werden und gibt die Wählziffern mit Tastendruckgeschwindigkeit aus.

## Leitungscode

line code

Durch den Leitungscode werden digitale Signale für die Übertragung an die Leitung angepaßt. Je nach Anwendung werden verschiedene Leitungscodes benutzt (bezogen auf ein gegebenes Binärsignal, in dem die beiden möglichen Zustände durch „Spannung" (binär = 1) und „Keine Spannung" (binär = 0) dargestellt sind):

□ NRZ-Code (non return to zero): bildet das originale Binärsignal ab; nur für kurze Strecken geeignet;

□ RZ-Code (return to zero): Beim RZ-Code wird nicht während der gesamten Dauer eines Binärsignals „1" die Spannung aufrechterhalten; man erreicht dadurch eine leichtere Taktrückgewinnung;

□ AMI (alternate mark inversion): Jede zweite „1" eines Binärsignals wird zu -1 invertiert; das Sendespektrum wird dadurch günstiger, und man erreicht Gleichstromfreiheit; wegen der drei möglichen Zustände („0", „1" und „-1") spricht man von einem pseudoternären Code; in der Übertragung digitalisierter Sprache häufig verwendet;

□ HDBn-Code (high density bipolar): Um die Übertragung langer Nullfolgen zu vermeiden, was die Taktrückgewinnung erschwert, wurde der AMI-Code erweitert, indem bei der Übertragung von mehr als n aufeinanderfolgenden Nullen eine besondere Pulsgruppe eingefügt wird. Der HDB3-Code (also n = 3) wird bei der Übertragung von → *Pulscodemodulations*-Signalen benutzt.

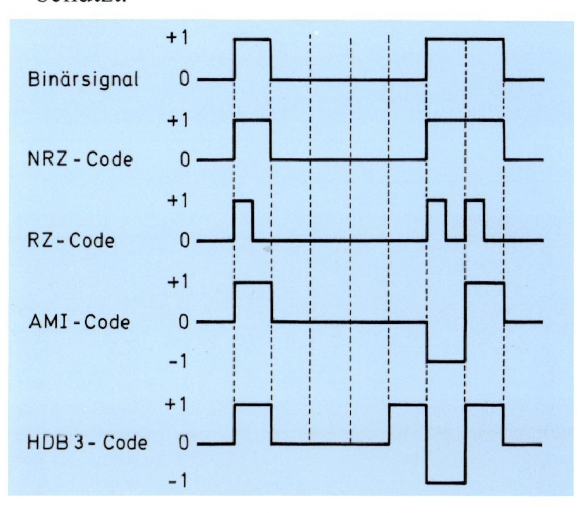


## Leitungsvermittlung

circuit switching

Nach DIN 44302 ist Leitungsvermittlung ein Vorgang zum Aufbau einer Fernsprech- oder Datenverbindung zwischen zwei oder mehr → *Endeinrichtungen*, die während der gesamten Verbindungsdauer miteinander verbunden bleiben. Sie befinden sich also im Durchschaltebetrieb, gleichgültig, ob Informationen übertragen werden oder nicht. Das → *EDS* arbeitet nach diesem Prinzip.
Zwar hat die Leitungsvermittlung erhebliche Nachteile, weil die Leitung nicht optimal ausgenützt wird, aber dafür den Vorteil, dem Nutzer immer zur Verfügung zu stehen und damit in der Nachrichtenübermittlung besonders schnell zu sein. → *Fernsprechnetz* und → *Datex-L* z. B. sind Netze mit Leitungsvermittlung.

## Lichtwellenleiter

optical fiber

Synonyme: Lichtleiter und Glasfaser.

Moduliertes Licht eignet sich als Signalträger in reinstem Quarzglas, das zu Fasern gezogen wird. In Glasfasern können Übertragungsgeschwindigkeiten bis zu einigen 100 GHz erreicht werden. Die → *Dämpfung* ist wesentlich geringer als bei Kupferkabeln, je nach Faserart und Wellenlänge bis unter 0,2 dB/km. Man unterscheidet in der Praxis drei verschiedene Arten von Lichtwellenleitern: die Ein-

modenfaser (oder Monomodefaser), die Gradientenprofil- und die Stufenprofilfaser. Im wesentlichen unterscheiden sie sich durch den Kerndurchmesser. Der lichtleitende Faserkern ist von einem Mantel umhüllt, der ebenfalls aus Glas besteht, allerdings mit einer niedrigeren Brechzahl. Dieser Mantel sorgt dafür, daß das sich im Kern fortbewegende Signal nicht entweichen kann. Dabei wird der Lichtimpuls jeweils von der Grenzschicht zwischen Kern und Mantel wieder in den Kern reflektiert. Die Einmodenfaser hat den geringsten Kerndurchmesser, der höchstens 10 Mikrometer beträgt; im Kern bewegt sich Licht nur in einer einzigen Mode fort. Diese Faser eignet sich besonders gut zur Verlegung auf Fernstrecken, da sie nur in großen Abständen

von bis zu 40 Kilometern und mehr einen Verstärker (→ *Repeater*) benötigt.
Die Gradientenprofilfaser, die derzeit am meisten im Einsatz ist, hat einen Kerndurchmesser von circa 50 Mikrometer und benötigt etwa alle 20 Kilometer einen Repeater. Hier nimmt die Brechzahl des Materials kontinuierlich von innen nach außen ab, so daß das Licht die Faser wellenförmig durchläuft. Das Profil ist dabei so gewählt, daß alle Moden dieselbe Ausbreitungsgeschwindigkeit besitzen.
Die Stufenprofilfaser schließlich hat einen Kerndurchmesser von 100 bis 400 Mikrometer, wobei der Kern eine bestimmte Brechzahl hat und der Mantel eine niedrigere. Hier bewegt sich das Licht im Zickzack durch die Faser, da immer zwischen Kern und Mantel Totalreflexion auftritt.

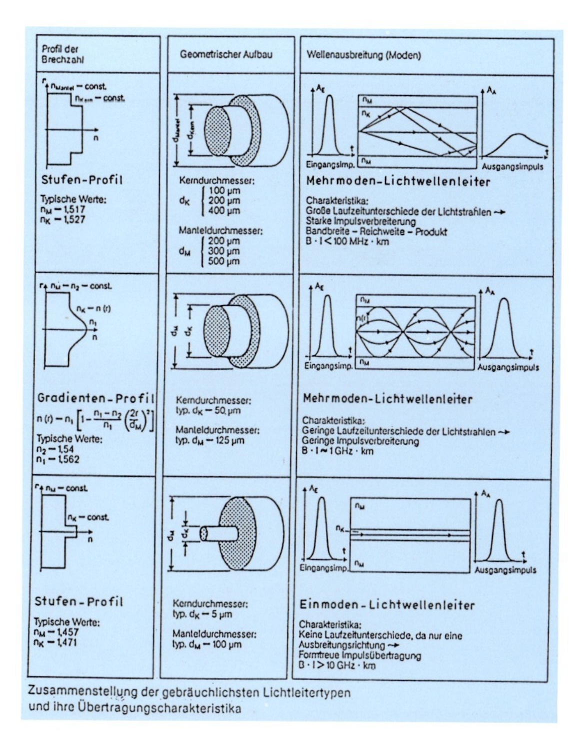

Zusammenstellung der gebräuchlichsten Lichtleitertypen und ihre Übertragungscharakteristika

Der Vorteil von Glasfasern liegt neben der hohen Übertragungskapazität in der völligen Unempfindlichkeit gegenüber elektromagnetischen Störungen, in ihrem geringen Platzbedarf und ihrer großen Reichweite.

## Lokales Netzwerk

local area network

→ *LAN.*

## Mailbox

Mailbox ist ein elektronischer Briefkasten (electronic Mail). Man versteht darunter einen Speicherbereich, z. B. in einer → *PABX*, in dem Nachrichten in Form von Sprache oder Text abgelegt werden können. Der Zugriff oder das Abhören/Auslesen erfolgt über das Telefon oder beispielsweise einen Personalcomputer. Es gibt öffentliche Mailboxen, die allgemein zugänglich sind (zum Beispiel → *Btx*), andere sind, speziell bei elektronischer Briefübermittlung oder etwa Firmendaten, nur mit persönlichen Codewörtern zu beschikken und abzurufen.

## MByte

→ *Byte.*

## Mehrmodenfaser

multi-mode fiber

→ *Lichtwellenleiter,* → *Moden.* Der Kerndurchmesser einer Mehrmodenfaser ist groß genug, um sehr viele Moden zu führen. Jedem Modus entspricht ein bestimmter Weg und damit auch ein bestimmter Reflexionswinkel am Rande des Kerns. Je nach Brechzahlprofil einer Mehrmodenfaser spricht man von einer Stufen- oder Gradientenprofilfaser.

## Mehrpunktverbindung

multipoint connection

Eine Verbindung, an der mehr als zwei Datenstationen beteiligt sind. Jede beteiligte Station hat eine spezielle Adresse, über die sie von einer zentralen Stelle aus erreichbar ist.

## Mischkommunikation

mixed communication

Um Mischkommunikation handelt es sich dann, wenn bei einer Übertragung verschiedene Kommunikationsformen gleichzeitig auftreten. Z. B. wenn während einer Faksimile-Übertragung vom selben Endgerät aus das → *Telefax* sprachlich kommentiert wird. Mischkommunikation wird im → *ISDN* problemlos möglich sein.

## Mobilfunk

mobile radio telephone service

Zum Mobilfunk gehören im öffentlichen Bereich das Autotelefonnetz, im nichtöffentlichen Bereich alle anderen Funknetze wie das der Polizei, des Militärs, der Bundesbahn, der Taxen, des CB-Funks usw. Die Funktionsweise ist in allen Mobilfunknetzen gleich; sie unterscheidet sich lediglich durch den Frequenzbereich, in dem gesendet bzw. empfangen wird.

Das derzeit modernste Autotelefonnetz in der Bundesrepublik Deutschland zum Beispiel arbeitet im 450-MHz-Band und wird als C-Netz bezeichnet. In diesem Netz sind über ganz Deutschland Landfunkstellen verteilt, die ein Gespräch von einem Pkw orten, es empfangen und von Überleitvermittlungen ins → *Fernsprechnetz* weiterleiten. Umgekehrt werden vom Fernsprechnetz über dieselben Stellen Gespräche ins Funknetz zum Auto geleitet.

Damit möglichst viele Autofahrer am Mobilfunk teilnehmen können, wird das Land zukünftig in Waben aufgeteilt, in deren Zentrum jeweils eine Leitfunkstelle steht. In diesen Waben können – in gewissem Abstand – dieselben Frequenzen wieder verwendet werden. Die Leitfunkstelle kann einen fahrenden Pkw jederzeit orten und Gespräche an die nächste Wabe weiterleiten. Wegen dieser Zellenaufteilung nennt man das kommende Mobilfunknetz auch Zellenfunksystem.

Vorschläge für ein solches Funknetz im 900-MHz-Band (in dem wesentlich mehr Sprechkanäle Platz haben als im 450-MHz-Band) liegen dem Postministerium schon seit einiger Zeit vor. Ende 1987 haben die Firmen Alcatel N.V., AEG und Nokia das Konsortium ECR 900 (→ *System 900*) gegründet, um bei der Entwicklung, Herstellung und Vermarktung dieses digitalen Funktelefonnetzes zusammenzuarbeiten.

## Modem

Der Begriff Modem setzt sich zusammen aus **Mo**dulator und **Dem**odulator und bezeichnet allgemein eine → *Datenübertragungseinrichtung* (DÜE), die Gleichstrom- in Wechselstromsignale umwandelt und umgekehrt. Speziell in Verbindung mit einem analogen Netz wie dem → *Fernsprechnetz* setzt der Modem die digitalen Signale eines Rechners um in die analogen des niederfrequenten Sprachbandes, so daß sie über die Telefonleitung übertragen werden können. Am Ende der Verbindung werden die ankommenden analogen Signale wieder in einem Modem in digitale Signale umgewandelt.
Zur Anpassung der verschiedenen Geschwindigkeiten der digitalen Kanäle an die des Telefonnetzes werden verschiedene → *Modulationsverfahren* angewandt. Das zur Verfügung stehende → *Frequenzband* wird bei der Datenübertragung nicht immer voll ausgenutzt. Dann kann man das Band aufteilen auf in einen Datenkanal, über den mit hoher Geschwindigkeit in die eine Richtung die Informationsübertragung vor sich geht, und in einen → *Hilfskanal*, der mit niedrigerer Geschwindigkeit in der Gegenrichtung Steuerinformationen transportiert.
Modems unterliegen in der Bundesrepublik Deutschland strengen Postvorschriften und werden für die öffentlichen Netze von der Deutschen Bundespost gestellt. Sie sind mit international genormten Schnittstellen zum Anschluß der Endgeräte ausgerüstet.

## Moden

mode

Als Moden bezeichnet man diskrete Feldverteilungen von Wellen, die sich in → *Lichtwellenleitern* oder → *Hohlleitern* ausbreiten können. In einer → *Einmodenfaser*, die den geringsten Kerndurchmesser hat, kann sich nur Licht eines einzigen Modus, d. h. des Grundmodus, bzw. eines Wellentyps ausbreiten. Im Gegensatz dazu transportieren → *Mehrmodenfasern* Lichtsignale von mehreren hundert verschiedenen Moden, die sich sowohl durch ihre Ausbreitungsgeschwindigkeit als auch durch ihre Feldverteilung unterscheiden.

## Modul

module

Eine Funktionsgruppe mit definierten, bekannten Eigenschaften, die sowohl Hardware (Baugruppe, Platine) als auch Software sein kann.

## Modulationsverfahren

modulation

Mit einem Modulationsverfahren werden prinzipiell ein oder mehrere Signalparameter eines Modulationsträgers durch ein Signal verändert. Der Modulationsträger ist ein zeitlicher Vorgang, also eine Schwingung

| Träger sinusförmig | |
|---|---|
| modulierendes Signal analog | modulierendes Signal digital |
| Amplitudenmodulation (AM) | Amplitudenumtastung (ASK = amplitude shift keying) |
| Frequenzmodulation (FM) | Frequenzumtastung (FSK = frequency shift keying) |
| Phasenmodulation (PM) | Phasenumtastung (PSK = phase shift keying) |

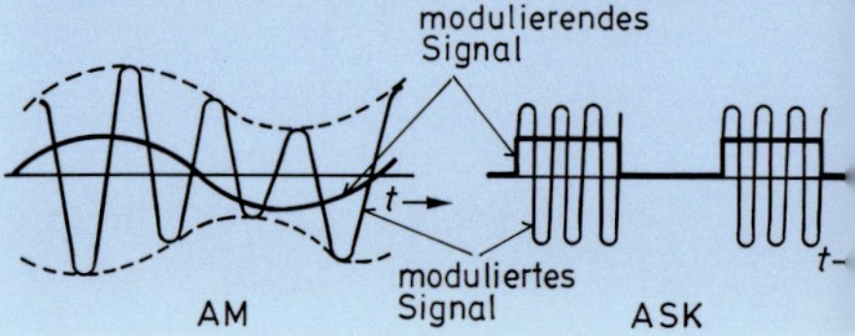

oder ein Puls. Signalparameter können Amplitude, Frequenz oder Phase des Modulationsträgers sein. Wenn der Träger sinusförmig ist, unterscheidet man zwischen Amplituden-, Frequenz- und Phasenmodulation. Wenn dagegen der Träger pulsförmig ist, werden Pulsamplituden-, Pulsfrequenz- und Pulsphasenmodulationsverfahren unterschieden. Sollen digitale Signale moduliert werden, so nennt man diese Modulation Umtastung (z. B. Amplitudenumtastung) (→ *Pulscodemodulation).*

## Monomodefaser

→ *Einmodenfaser*

## Multiplexer, Multiplex-Verfahren

multiplexing

Multiplexer, in Abkürzung auch Mux genannt, haben die Aufgabe, einen Übertragungsweg mehrfach auszunutzen. Es geht also darum, von mehreren Datenkanälen ankommende Signalströme über einen einzigen Kanal weiterzutransportieren. Am Ende der Übertragung verteilt ein Demultiplexer die Signalströme wieder auf mehrere Kanäle.

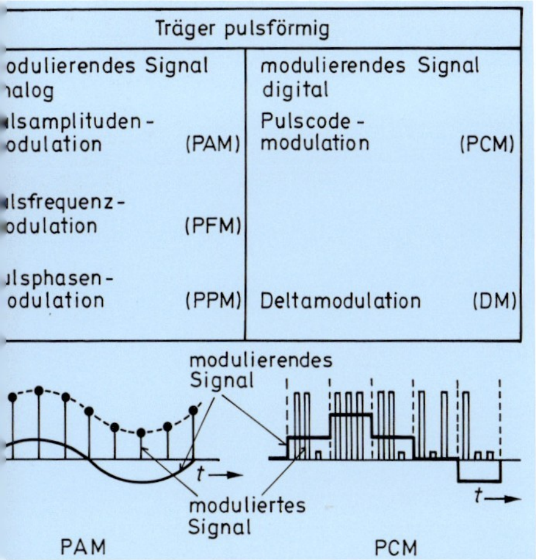

Dabei unterscheidet man verschiedene Verfahren: Frequenz- und Zeitmultiplexverfahren sind die wichtigsten davon. Beim Frequenzmultiplexen wird das Frequenzband der zu übertra-

| Träger pulsförmig | |
|---|---|
| odulierendes Signal alog | modulierendes Signal digital |
| lsamplituden-odulation (PAM) | Pulscode-modulation (PCM) |
| lsfrequenz-odulation (PFM) | |
| lsphasen-odulation (PPM) | Deltamodulation (DM) |

modulierendes Signal

$t$

moduliertes Signal

$t$

PAM

PCM

genden Signale in einen anderen Frequenzbereich umgesetzt, so daß sich die Frequenzbereiche nicht überdecken. Diese Umsetzung geschieht meist mit der Amplituden- oder Frequenz- → *Modulation.*
Beim Zeitmultiplexverfahren werden die Signale mehrerer Kanäle in einem bestimmten zeitlichen Rhythmus nacheinander abgetastet und die so gewonnenen „Einzelteile“ der zu übertragenden Nachrichten über einen Kanal weitertransportiert. So bekommt jeder Datenkanal einen Zeitschlitz im Multiplexer zugeordnet.
Statistische Multiplexer, eine Sonderform der Zeitmultiplexer, verwenden unter Benutzung von Informationsspeichern zusätzlich die Pausenzeiten von nicht voll belasteten Datenkanälen. Sie weisen die Pausenzeiten auf statistischer Basis anderen angeschlossenen Kanälen zu.

## Nachrichtentechnik

communications technology

Unter Nachrichtentechnik werden die Verfahren und auch die Anwendungen verstanden, welche sowohl der Übermittlung als auch der Verarbeitung von Nachrichten dienen. Die Übertragung und die Verarbeitung wurden bisher fast nur auf elektrischem Weg durchgeführt, in zunehmendem Maß werden jedoch optische (→ *Lichtwellenleiter-*) Verfahren und Systeme eingesetzt.

## Nachrichtenübermittlung

transmission and switching of information

Damit ist eine Zusammenlegung der Begriffe → *Nachrichtenübertragung* und -vermittlung gemeint. Da in modernen Nachrichtenübertragungssystemen die Technik der Übertragung und der Vermittlung eng miteinander verzahnt sind, wird zunehmend von der Nachrichtenübermittlung gesprochen.

## Nachrichtenübertragung

transmission of information

Eine Nachrichtenquelle ist immer der Ausgangspunkt für die Nachrichtenübertragung. Das kann ein Mensch, es können aber auch Maschinen oder Meßgeräte sein. Zum Transport der Nachricht ist ein Trägermedium notwendig, wofür z. B. eine elektrische Spannung benutzt werden kann. Sie wird,

wenn sie mit einer Nachricht versehen wird, → *Signal* genannt. Das bedeutet also, daß ein Signal Nachrichten durch physikalische Größen darstellt; die für die Übertragung erforderlichen Merkmale des Signals werden durch Signalparameter beschrieben.
Nachrichtenübertragung setzt ein System voraus, das aus Sender, dem Übertragungskanal und einem Empfänger besteht.

## Nebensprechen

crosstalk

Bei Übertragungsleitungen entstehen durch elektrische Beeinflussung von dicht nebeneinander liegenden Leitungen Störungen, die man als Nebensprechen bezeichnet. Bei der analogen Sprachübertragung im → *Fernsprechnetz* ist eine Nebensprechdämpfung von 70 dB (→ *Dezibel*) gefordert. Bei der Übertragung von digitalisierter Sprache genügen bereits 25 dB.

## Nebenstellenanlage

private branch exchange

Synonym: PABX; **P**rivate **A**utomatic **B**ranch E**x**change oder PBX: ohne Automatic; eine Telefonanlage, bei der private Hauptanschlußleitungen zur nächsten Vermittlungsstelle zusammengefaßt werden. Dabei ist das Zahlenverhältnis von Amtsleitungen und Nebenstellen vorgeschrieben. Nebenstellenanlagen ersparen in zweierlei Hinsicht Kosten: 1. werden Hauptanschlüsse eingespart, und 2. bleibt das innerbetriebliche Telefonieren kostenfrei.
Eine Nebenstellenanlage besteht aus einer Hauptstelle, einer Vermittlungseinrichtung und den Nebenstellen. In Nebenstellenanlagen mit Durchwahl sind die einzelnen Nebenstellen direkt von außen erreichbar.

Technisch realisiert sind Nebenstellenanlagen auf unterschiedliche Weise: von elektromechanischen Wählern über rechnergesteuerte Vermittlungen bis zu bereits voll digitalisierten Anlagen (System 12 B von SEL). Digitale Nebenstellenanlagen verfügen über besondere → *Leistungsmerkmale.*
Zunehmende Bedeutung erhalten Kommunikationsanlagen, über die, neben den Funktionen von Nebenstellenanlagen, auch andere Fernmeldedienste abgewickelt werden können, wie z. B. → *Telex* oder → *Teletex.* Auch ist es bereits möglich, Nebenstellenanlagen mit → *LAN* zusammenzuschließen, so daß je nach Art der Aufgabe mit multifunktionalen Endgeräten verschiedene Dienste in Anspruch genommen werden können.

## Netzabschluß

network termination

Der Netzabschluß ist eine Bau- oder Funktionsgruppe („Steckdose"), die im ISDN die Funktionen der Benutzer-Netz-→ *Schnittstelle* bereitstellt. Insgesamt stehen zwei verschiedene Typen zur Verfügung: der Typ 1 dient nur dem physikalischen und elektrischen Abschluß der Teilnehmereinrichtung, also nur Schicht 1 des → *ISO/OSI-Modells.* Typ 2 umfaßt dagegen die Schichten 1 bis 3 des Sieben-Schichten-Modells.

## Netzabschlußgerät

network termination

Das Netzabschlußgerät verbindet die teilnehmerseitigen Einrichtungen mit der Teilnehmeranschlußleitung im → *ISDN.* Die Anschlußleitung mit der Übertragung zur Vermittlungsstelle liegt an der → $U_{Ko}$*-Schnittstelle*, während die Hausverkabelung an der → $S_o$*-Schnittstelle* angeschlossen ist. In diesem Gerät sind der $S_o$- und der $U_{Ko}$-Schaltkreis über eine interne Modulschnittstelle miteinander verbunden, über welche die Daten mit einer Geschwindigkeit von 256 kbit/s ausgetauscht werden.

## Netzstruktur

network topology

Man unterscheidet bei lokalen Netzwerken (→ *LAN*) prinzipiell drei verschiedene Strukturen, die in diesem Bereich → *Topologie* genannt werden: Stern-, Ring- und Bus- bzw. Baumstrukturen.

## Netzwerk

network

Bei Netzwerken unterscheidet man den öffentlichen Bereich, z. B. mit dem → *Fernsprechnetz* und den → *Datex-Netzen,* und private Weitverkehrsnetze (WAN) sowie private → *LAN.*

## Netzwerkschicht

network layer

Schicht 3 im → *ISO/OSI-Referenzmodell*; diese Ebene ist dafür zuständig, den optimalen Weg für eine Nachrichtenübertragung zu finden (routing).

## NRZ-Code

→ *Leitungscode*

## NTG

**N**achrichten**t**echnische **G**esellschaft im Verband Deutscher Elektrotechniker VDE e.V., Frankfurt.

## ÖBtx

Öffentliches Bildschirmtext-Terminal von SEL; es wird zur Auskunftserteilung an Reisende oder Ortsfremde eingesetzt, ebenso innerhalb von Betrieben als Auskunftsstelle für Mitarbeiter und Kunden. Es können ebenfalls Daten aus öffentlichen Bildschirmtextzentralen abgerufen werden.

## Öffentliches Datennetz

public data network

In der Bundesrepublik Deutschland stellt die Fernmeldebehörde der Öffentlichkeit neben dem → *Fernsprechnetz* auch Datennetze zur Verfügung, die der Übertragung von digitalisierter Information dienen (z. B. → *Datex-Netz*).

## Öffentliches Fernsprechnetz

public telephone network

→ *Fernsprechnetz,* → *ISDN*

## Offene Kommunikation

open systems communication

Von offener Kommunikation spricht man dann, wenn die am Kommunikationsvorgang beteiligten Geräte von unterschiedlichen Herstellern stammen können, weil ihre → *Schnittstellen* und → *Protokolle* genormt und damit jedermann zugänglich sind (→ *Kommunikationssystem*). Das wichtigste Normengremium ist die → *ISO*, die im → *ISO/OSI-Referenzmodell* alle wesentlichen Kommunikationsprotokolle standardisiert.

## Optische Nachrichtentechnik

optical communications technology

Unter optischer Nachrichtentechnik versteht man die Informationsübermittlung über → *Lichtwellenleiter.* Als Träger werden elektromagnetische Wellen im nahen infraroten Bereich (Lichtwellen) benutzt. Als Sender dient in der optischen Nachrichtentechnik eine Laser- oder Lumineszenzdiode (Dioden = Halbleiterbauelemente), als Empfänger kommen Photodioden zum Einsatz. Die optische Nachrichtentechnik eignet sich besonders zur Breitbandkommunikation, da die Übertragungskapazität von → *Lichtwellenleitern* sogar die von Koaxialkabeln weit übersteigt. Zudem ist die

Übertragung mit → *Lichtwellenleitern* völlig störunempfindlich gegenüber elektromagnetischen und hochfrequenten Störeinflüssen, außerdem ist die → *Dämpfung* wesentlich geringer als bei Kupferkabeln.

## OSI

Abkürzung von **O**pen **S**ystems **I**nterconnection; (→ *offene Kommunikation*); das Normierungsgremium → *ISO* beschäftigt sich damit, alle Schnittstellenstandards und Kommunikationsprotokolle für eine offene Kommunikation festzulegen (→ *ISO/OSI-Referenzmodell*).

## Parabolantenne

parabolic antenna

Antenne für den → *Satelliten-* und → *Richtfunk*; eine Hohlantenne in Form eines durch Drehung einer Parabel um ihre Achse entstandenen Paraboloids (Rotationsparaboloid).

## Pegel

level

Logarithmiertes Verhältnis gleichartiger Größen; dabei unterscheidet man zwischen Energiegrößen und Feldgrößen. Die Energiegrößen sind der Energie proportional (z. B. Energie, Leistung), während das Quadrat der Feldgrößen der Energie proportional ist (z. B. Spannung, Schalldruck). Häufig findet man jedoch auch absolute Angaben zu Spannungs- oder Leistungspegeln. So benutzt man nach → *CCITT* das Kurzzeichen dBm, wobei m für 1 mW, ein Milliwatt, steht, → *dB, Dezibel.*

## Protokollwandler

protocol converter

Synonym: Protokollkonverter; Protokollwandler werden dazu benötigt, eine Konvertierung in dem Fall vorzunehmen, wenn an einem Kommunikationsvorgang verschiedene Geräte beteiligt sind, die mit unterschiedlichen → *Protokollen* arbeiten. Protokollwandler sind häufig Mikrocomputer mit mehreren verschiedenen → *Schnittstellen.* Der Mikrocomputer wandelt ein Übertragungsprotokoll einer Schnittstelle in das einer anderen um.

## Prozedur

procedure, protocol

Eine Prozedur ist ein Verfahren oder eine Verfahrensregel, nach der Prozesse ablaufen. Der Begriff wird mit etwas unterschiedlichen Inhalten bei Programmier- und Jobsteuersprachen (Computer) gebraucht.

## Pulsamplitudenmodulation

pulse amplitude modulation

→ *Modulationsverfahren*

## Pulscodemodulation, PCM

pulse code modulation

Pulscodemodulation ist ein (auch bei der Deutschen Bundespost angewendetes) → *Modulationsverfahren*, bei dem aus einem Analogsignal durch → *Abtastung* und → *Quantisierung* ein digitales Signal gewonnen wird (→ *A/D – D/A-Wandler*).
Der Vorgang läuft in mehreren Schritten ab: Zuerst wird das umzusetzende Analogsignal abgetastet (z. B. ein Sprachsignal), das jedoch eine bestimmte → *Bandbreite* nicht überschreiten darf, wozu gegebenenfalls eine Tiefpaß- oder → *Bandpaß*filterung vorgenommen wird. Diese Abtastung erfolgt z. B. bei Sprachsignalen im → *ISDN* 8 000mal pro Sekunde (alle 125 Mikrosekunden ein Abtastvorgang) und ergibt den Abtastwert. Dieser entspricht dem Augenblickswert des Analogsignals. Im nächsten Schritt erfolgt die Messung der Amplitudenhöhe des Abtastwerts und Zuordnung eines entsprechenden Zahlenwerts, der aus dem Intervall und dem Abtastwert resultiert. Diese Umsetzung nennt man digitalisieren, denn das Ergebnis ist eine Zahl, die anschließend → *codiert* wird, z. B. in acht Bit.

Das so codierte Signal kann übertragen werden. Nach der Übertragung muß das Digitalsignal wieder zurückgewandelt werden.
Die 8000 Amplitudenmessungen pro Sekunde, die in je 8 Bit codiert werden, ergeben die standardisierten 64 kbit/s, die einem Basiskanal im → *ISDN* entsprechen.
In Europa arbeiten die Postverwaltungen mit

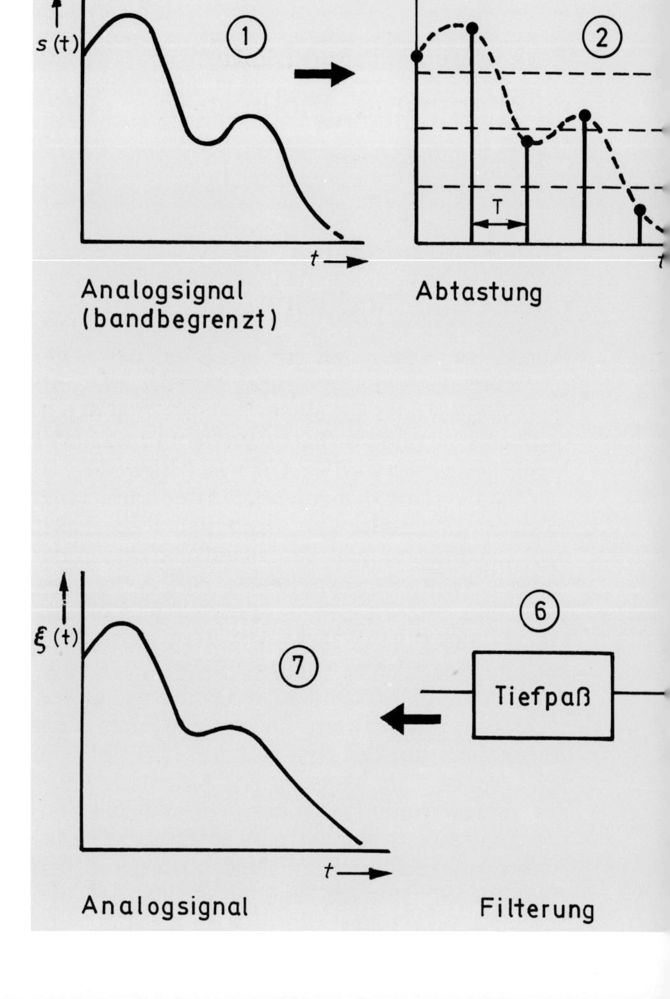

dem sogenannten PCM-30-Grundsystem (vom → *CCITT* genormt), einem Verfahren, das außer der Pulscodemodulation noch Zeitmultiplex einsetzt (→ *Multiplexer*). Beim PCM-30-Zeitmultiplex-System werden 30 Sprachkanäle im Zeitmultiplex übertragen. Zwei zusätzliche Kanäle dienen dem Transport von Steuer-, Synchronisier- und Alarminformationen.

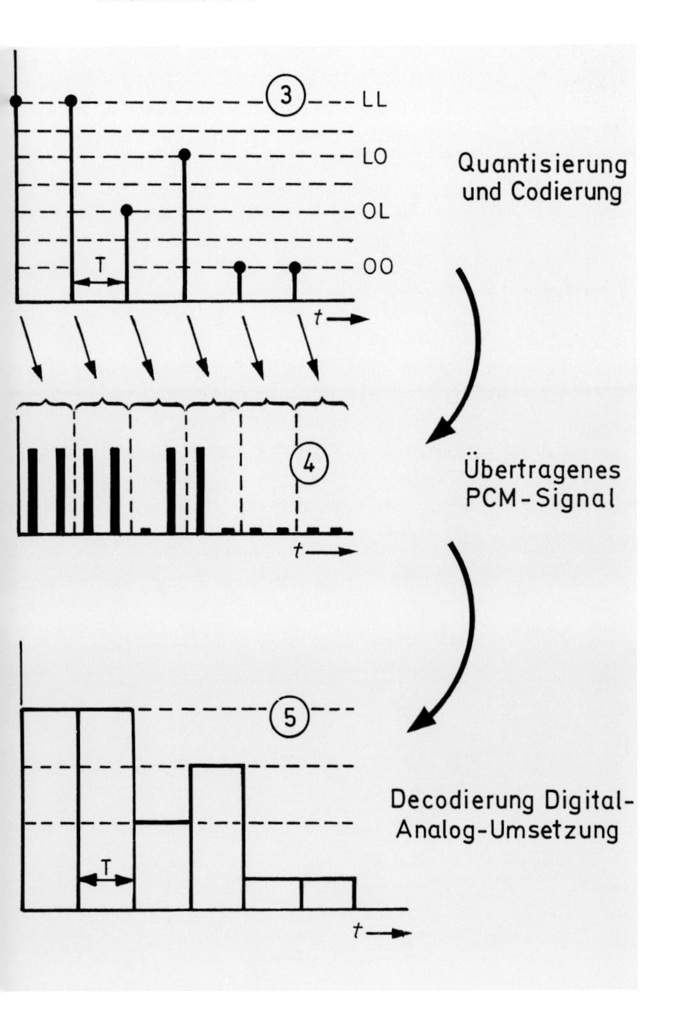

## Quantisierung

quantizing

Mit Quantisierung bezeichnet man das Feststellen der jeweiligen Amplitudenhöhe eines Signals zu bestimmten Zeitpunkten des Abtastens (z. B. bei der → *Pulscodemodulation*). Da durch die Quantisierung nur eine endliche Zahl von Abtastwerten festgelegt wird, entsteht ein sog. Quantisierungsfehler. Dieser wird bei der Rückwandlung durch eine Tiefpaßfilterung wieder geglättet.

## Quittungsbetrieb

acknowledgement

Der Quittungsbetrieb wird auch als (engl.) Acknowledge bezeichnet; darunter versteht man das Bestätigen einer Empfangsstation an die Sendestation, daß eine Datenübertragung korrekt stattgefunden hat.

## Rauschen

noise

Rauschen nennt man alle sich überlagernden, elementaren Störsignale, die durch zufällig auftretende Stromschwankungen in den beteiligten Bauelementen entstehen.

## Redundanz

redundancy

In der Datenverarbeitung wird Redundanz immer dann eingeführt, wenn an die Zuverlässigkeit eines Systems große Ansprüche gestellt werden. Die Redundanz entspricht dem Teil eines Signalstroms, der an sich keinen eigenen Informationswert besitzt, sondern z. B. aus Prüfbits besteht, mit deren Hilfe Übertragungsfehler erkannt und mit entsprechenden Verfahren korrigiert werden können.

## Repeater

→ *Verstärker.*

## Richtfunk

radio relay system

Beim Richtfunk handelt es sich um Funkverbindungen des sogenannten festen Funkdienstes (im Unterschied zum → *Mobilfunk*), bei denen stark bündelnde Antennen Signale im GHz-Bereich empfangen und senden. Der Abstand zwischen zwei Antennen heißt Funkfeld und liegt üblicherweise in Sichtweite, also bis etwa maximal 100 km. Wurden früher die analogen Signale mit Frequenzmodulation übertragen, so kommt heute vermehrt die digitale Phasenmodulation zum Einsatz. Eine Sonderform von Richtfunk ist der → *Satellitenfunk.*

*Rur-, Seite 94*

## RURTEL

rural telecommunication system

Ein Telekommunikationssystem von SEL für dünnbesiedelte Gebiete. Die Anbindung an das → *Fernsprechnetz* erfolgt über Konzentratoren und → *Richtfunk* oder Kabelstrecken. Entlegene Stationen können mit Solargeneratoren ausgerüstet werden (Bild unten).

## RZ-Signal

→ *Leitungscode*

## Satellitenfunk

satellite communication

Im Satellitenfunk, einer Sonderform des → *Richtfunks*, werden sowohl Rundfunkprogramme als auch Ferngespräche weltweit ausgestrahlt bzw. übertragen. Meist kreisen die Satelliten auf einer geostationären Bahn mit rund 36 000 km Abstand um die Erde. So müssen die Sende- und Empfangsantennen nur ein einziges Mal ausgerichtet werden, da sie von der Erde aus gesehen immer an der gleichen Stelle bleiben. Die Übertragungsfrequenzen für Sendung und Empfang liegen im GHz-Bereich (→ *Abwärts-/Aufwärtsfrequenz*).
Die Bodenstationen, sog. Erdfunkstellen, enthalten → *Parabolantennen,* deren Durchmessergröße von der erforderlichen Empfangsleistung abhängig ist. Da die Satelliten mit Sonnenenergie betrieben werden, haben sie selbst eine relativ geringe Sendeleistung.
Auch im Satellitenfunk werden zunehmend digitale Übertragungsverfahren eingesetzt, was in der → *Breitbandkommunikation*, also der Bewegtbildübertragung, und der schnellen Datenübertragung erhebliche Vorteile bringt.

## Satellitenübertragung

satellite transmission

Satellitenübertragung – hier nur auf Rundfunk- und Nachrichtensatelliten beschränkt – ist die Nachrichtenübermittlung über Satelliten als Relaisstation für weltweite Funkverbindungen.
Man unterscheidet technisch vier Arten von Satelliten:

*Sat-, Seite 96*

1. Fernmeldesatelliten (Übermittlung von Telefongesprächen, Fernsehprogrammen, Datenfernverarbeitung)
2. Dienstsatelliten für Flug- und Schiffsfunk sowie Navigation
3. Relaissatelliten für den Funkverkehr zwischen Raumfahrzeugen, Sonden, Satelliten und Bodenstationen
4. Direktsatelliten (direkt strahlende Satelliten) für die direkte, nationale, z.T. sogar regionale, Fernsehversorgung.

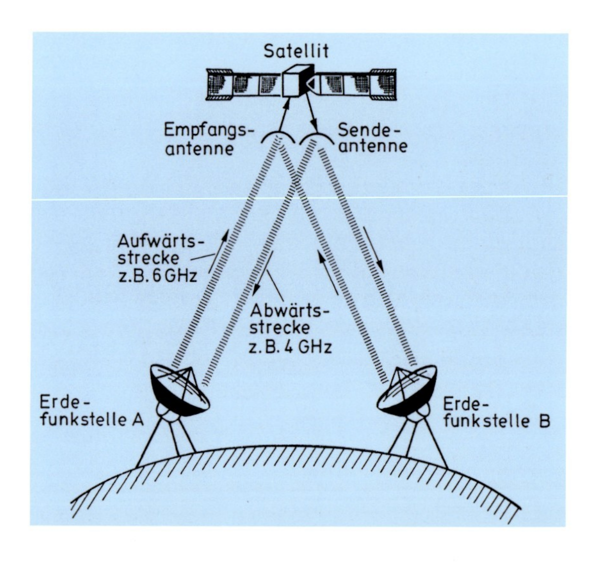


Als wichtigste Organisation in der westlichen Welt fungiert INTELSAT (**In**ternational **Tel**ecommunication **Sat**ellite Organization), die 1964 gegründet wurde. Speziell für Europa existiert EUTELSAT, die für das ECS (**E**uropean **C**ommunication **S**atellite) Satelliten entwickelt (→ *Satellitenfunk*).

## Schichtenmodell

→ *ISO/OSI-Schichtenmodell.*

## Schmalbandkommunikation

narrow band communication

Zur Schmalbandkommunikation werden alle Dienste gerechnet, die mit Übertragungsgeschwindigkeiten im kHz-Bereich arbeiten. Man kann dies als groben Anhaltspunkt nehmen, da die Definition im allgemeinen jedoch anwendungsabhängig gehandhabt wird. So gilt das → *ISDN* als Schmalbandnetz, während das → *B-ISDN* eine → *Breitbandkommunikation* ermöglichen wird (dazu auch → *Bandbreite*).

## Schnittstelle

interface

Als Schnittstelle bezeichnet man die Verbindungsstelle zweier selbständiger, interagierender Funktionseinheiten, z. B. zwischen Rechner und Rechner, zwischen Prozessor und Hauptspeicher, zwischen Rechner und Netzwerk usw.

Schnittstellen sind in Teilbereichen genormt, und zwar was die elektrischen Signale auf den Schnittstellenleitungen, die Betriebsweise (die zeitliche Aufeinanderfolge der Signale) und die Bedeutung der Signale angeht. Standards für Schnittstellen werden z. B. vom → *CCITT* als Empfehlungen herausgegeben. So sind alle V.xx-Schnittstellen (z. B. → *V.24*) für die Datenübertragung in Fernmeldenetzen und die X.xx-Schnittstellen (z. B. → *X.25*) für Datennetze gedacht.

Den Postverwaltungen dienen Schnittstellen auch als Übergang von Verantwortung zwischen Fernmeldenetzen und dem Benutzerbereich. So kommt der → *$S_0$-Schnittstelle* (bzw. → *$U_{K0}$-Schnittstelle) im zukünftigen* → *ISDN* eine besonders große Bedeutung zu.

## Schritt, Schrittgeschwindigkeit

signal element, modulation rate

Ein Schritt entspricht der kürzest möglichen Dauer, die ein Signal einen eindeutigen Zustand beibehält (z. B.: „Strom“ oder „kein Strom“). Die Schrittgeschwindigkeit ist dann der Kehrwert des Sollwerts der Schrittdauer und wird - in Sekunden gemessen - in → *Baud* angegeben.

## SEL Standard Elektrik Lorenz AG

SEL, ein Unternehmen der ALCATEL N.V. mit Sitz in Stuttgart, ist mit rund 23.000 Mitarbeitern auf den Gebieten der Nachrichtentechnik, Bürokommunikation und Bauelemente tätig.

## serielle Übertragung

serial transmission

Eine Übertragungsart, bei der die digitalen Binärcodes eines Signals zeitlich nacheinander übertragen werden.

## Service 130

Service 130 ist ein → *Dienst* der Deutschen Bundespost und gedacht für die Bereiche der Wirtschaft mit einem hohen Dienstleistungsgrad. Der Anrufer bezahlt den Ortstarif, der angerufene Teilnehmer übernimmt die restlichen Gebühren. Die Rufnummern beginnen einheitlich mit 0130.

## Signal

signal

→ *analoges und digitales Signal*

## Signalisierung

signalling

In der Nachrichtentechnik wird der Begriff Signalisierung für den Austausch vermittlungstechnischer Signale gebraucht, → *Zentralkanal-Zeichengabe.*

## Signallaufzeit

signal propagation time

Mit Signallaufzeit wird die Zeit bezeichnet, die ein Signal benötigt, um von einem Eingang einer Übertragungsstrecke bis zum Ausgang zu gelangen.

## Simplex

simplex

Eine → *Betriebsart*, bei der Information grundsätzlich nur in einer Richtung übertragen werden kann.

## Sitzungsschicht

session layer

Schicht 5 des → *ISO/OSI-Referenzmodells.* Hier wird die Teilnehmeridentifikation vorgenommen und festgelegt, in welcher → *Betriebsart* der Datenaustausch stattfindet, wie er aussehen soll und wie die Sitzungen auf- bzw. wieder abgebaut werden. Es geht in dieser Ebene prinzipiell darum, die logische Verbindung zwischen Arbeitseinheiten der 7. Schicht (→ *Anwendungsschicht*) zu regeln. Das bedeutet, daß in den → *Protokollen* der Sitzungsschicht festgelegt wird, wie z. B. die Verbindung zwischen Anwendungsprozessen auf Rechnern verschiedener Hersteller abläuft.

## $S_0$-Schnittstelle

$S_0$-interface

Die international festgelegte $S_0$-Schnittstelle bildet den eigentlichen Benutzeranschluß im → *ISDN* und damit die Grenze zwischen Teilnehmereinrichtungen und Netzbetreiberverantwortung (→ *Basisanschluß*). Sie liegt nach dem eigentlichen → *Netzabschlußgerät*. Sie bietet die Möglichkeit, bis zu acht verschiedene Endgeräte anzuschließen, von denen jeweils zwei gleichzeitig betrieben werden können. Es kann ferner jedes angeschlossene Gerät gezielt mit dem zugehörigen Dienst angesprochen werden. Der physikalische Anschluß erfolgt über eine → *Vierdrahtleitung*.

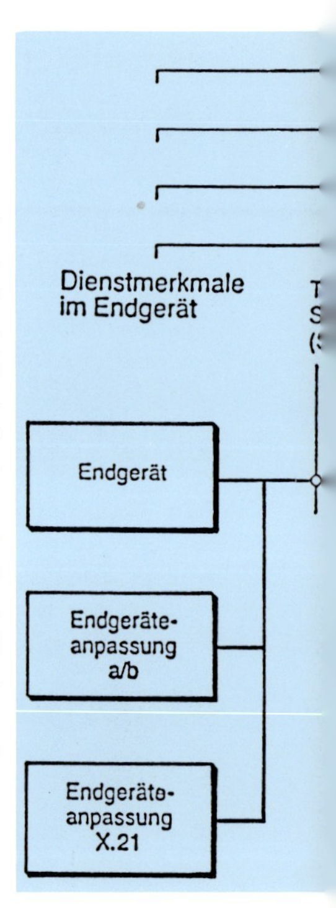


## Standleitung

dedicated line

Eine im Gegensatz zur → *Wählverbindung* festgeschaltete Verbindung zwischen zwei Stationen, die den Vorteil hat, ständig zur Verfügung zu stehen. Im öffentlichen Netz können solche Standleitungen von der Deutschen Bundespost gemietet werden; siehe dazu auch → *Direktrufnetz* und → *Hauptanschluß für Direktruf (HfD)*.

## Statistischer Multiplexer

→ *Multiplexer*

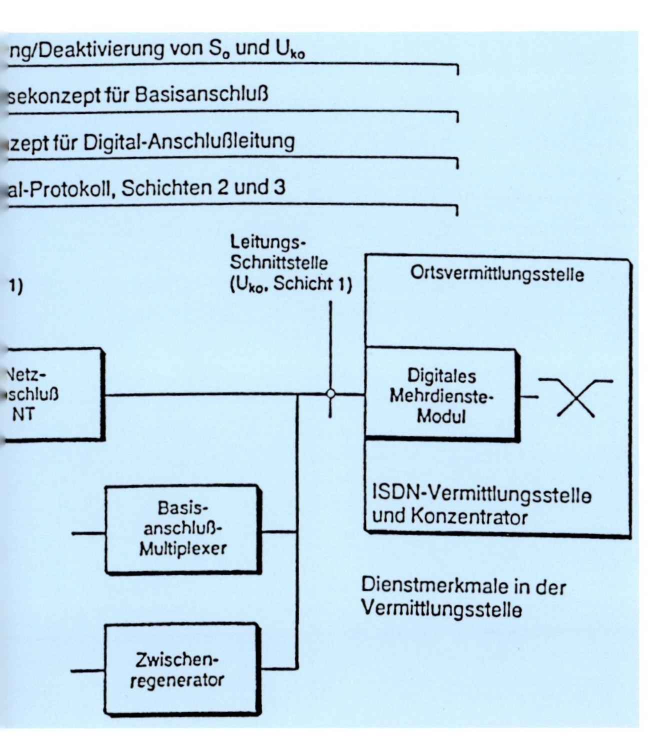


## synchron, Synchronisation

synchronous, synchronization

Die digitale Übertragung und Verarbeitung erfolgt mit einem bestimmten → *Takt*, daher müssen bei einer synchronen Übertragung Sende- und Empfangsstelle in diesen Gleichtakt gebracht werden. Es sind also keine Start- und Stopbits wie bei der → *asynchronen Übertragung* nötig. Den Gleichtakt erhält die Empfangsstelle durch Taktableitung aus dem Signal; die logische Synchronisation erfolgt durch bestimmte Bitmuster, die periodisch übermittelt werden (Rahmenbildung).

# System 12

Das System 12 der Standard Elektrik Lorenz AG, Stuttgart, ist ein universell einsetzbares volldigitales → *Vermittlungssystem*. Einrichtungen dieser Art sind eine Voraussetzung für die Einführung von → *ISDN*. Funktionale Erweiterungen erfolgen durch Hinzufügen von Hard- und Software-Modulen. System 12 kann dabei als Ortsvermittlung (DIVO = Digitale Ortsvermittlung) oder als DIVF (Digitale Fernvermittlung) konfiguriert werden sowie für alle Typen der Vermittlungsstellen eingesetzt werden. Eine → *ISDN*-fähige Version wird seit Ende 1986 im Rahmen des → *ISDN*-Pilotprojekts der Deutschen Bundespost getestet.

## System 12 B

System 12 B von SEL ist eine volldigitale → *Nebenstellenanlage*, die als innerbetriebliche Bürokommunikationsanlage konzipiert ist. Damit ist die Vermittlung von Sprache, Text, Daten und Bildern mit einer Vielzahl von Leistungsmerkmalen möglich.

## System 900

Digitales Zellenfunk-Kommunikationssystem von SEL für das zukünftige europäische → *Mobilfunknetz* im 900-MHz-Bereich.

## Takt

clock, clock pulse

Zur Synchronisation von Operationen in technischen Systemen dient der Takt oder Taktimpuls, oft auch mit Clock oder Clockimpuls bezeichnet. Der Takt wird im allgemeinen aus der Schwingung eines Quarzes abgeleitet, dem Taktgenerator. Die sinusförmige Ausgangsspannung des Quarzgenerators wird dann mit einem Schmitt-Trigger (einem elektronischen Bauelement) in eine Rechteckimpulsspannung umgeformt.

## Teilnehmerbetriebsklasse

closed user group

Ein Dienstmerkmal, z. B. in → *IDN* und → *Btx*, das es möglich macht, daß bestimmte Teilnehmer nur mit anderen der gleichen Betriebsklasse verkehren und von anderen, fremden Anschlüssen, die dieser Klasse nicht angehören, nicht erreicht werden.

## Telebox

mailbox

Telebox ist ein Dienst, der von der Deutschen Bundespost seit 1984 für öffentliche Wählnetze angeboten wird. Er dient zum Senden, Empfangen und Speichern von Textmitteilungen zwischen den Box-Teilnehmern, wobei ein Paßwortverfahren nur die Inhaber einer Box auf die gespeicherte Information zugreifen läßt.

# Telefax

telefax

Synonyme: Faksimile oder Fernkopieren; ein vom → *CCITT* genormter Dienst für die Übertragung von Text- und Bildvorlagen im DIN-A4-Format im Fernsprechnetz. Zu den Telefax-Einrichtungen gehören neben einem Telefonanschluß eine Anschalteinrichtung und ein von der Post zugelassener Fernkopierer. Beim Fernkopieren werden die zu übertragenden Vorlagen punktweise abgetastet, und zwar Zeile für Zeile.
Der CCITT hat vier verschiedene Gerätetypen klassifiziert, die sich nach mehreren Kriterien voneinander unterscheiden: der Übertragungsgeschwindigkeit, der Auflösung, der Fähigkeit, Grautöne wiederzugeben und der Modulationsart. Die derzeit erhältlichen Geräte der Gruppe 3 übertragen eine volle DIN-A4-Seite in etwa 1 Minute; die verwendete Modulationsart ist digital. Geräte der Gruppe 4 werden erst im → *ISDN* eingesetzt werden können; sie werden typischerweise weniger als 10 Sekunden für eine Seite benötigen.

## Telefonnetz

→ *Fernsprechnetz.*

## Telekommunikation

telecommunication

Mit dem Begriff Telekommunikation wird jede Kommunikation bezeichnet, die über Hör- bzw. Sichtweite hinausgeht; dabei ist es gleichgültig, ob es um Informationsaustausch zwischen Menschen und/oder Maschinen oder anderen Einrichtungen geht. In der Nachrichtentechnik faßt man darunter alle Sprach-, Bild-, Text- und Datenübertragungstechniken und -einrichtungen sowie die Vermittlungstechniken zusammen.

## Telematik

telematic

Kunstwort, das sich aus **Tele**kommunikation und Infor**matik** zusammensetzt und das das immer engere Zusammenwachsen der klassischen analogen Nachrichtentechnik und der digitalen Computertechnik zum Ausdruck bringen soll. Telematik bedeutet die Integration aller möglichen Übertragungstechniken. Das → *ISDN* z. B. ist ein Begriff, der unter die Bezeichnung Telematik fällt.

## Teletex, Ttx

teletex

Ein Textkommunikationsdienst, der vom → *CCITT* mit Bürofernschreiben bezeichnet wurde. Im Gegensatz zum → *Telex* kann bei Teletex der gesamte Zeichensatz der Schreibmaschine verwen-

det werden. Auch ist die Übertragungsgeschwindigkeit wesentlich höher als beim (auch viel älteren) Telex, nämlich 2400 bit/s. Die Deutsche Bundespost verwendet für Teletex das → *Datex-L-Netz.* Der Zugang zum weltweiten Telex-Netz ist über Netzübergänge möglich, allerdings dann nur mit dem geringeren Zeichensatz und der geringeren Übertragungsrate von Telex.
Eine Teletex-Einrichtung besteht im einfachsten Fall aus einer Speicherschreibmaschine. Heute ist aber auch schon eine Reihe von PCs teletexfähig. Für die Kommunikation werden ein Sende- und ein Empfangsspeicher und ein Steuerteil benötigt.

## Telex, Tx

telex

Internationale Bezeichnung für Fernschreiben. Das Telex-Netz wurde bereits 1933 eingeführt. Weltweit arbeitet das Telex-Netz mit einer Übertragungsrate von 50 bit/s. Im Gegensatz zu → *Teletex* steht im Telexnetz nur der eingeschränkte Zeichensatz des Internationalen Fernschreibalphabets Nr. 2 (z. B. nur Klein- oder Großschreibung) zur Verfügung, da ein 5-Bit-Code verwendet wird.

## TEMEX

Ein neuer Dienst der Deutschen Bundespost zur Übermittlung von Fernwirksignalen von privaten Endteilnehmern über Leitstellen; → *Fernwirktechnik.* Der Begriff setzt sich aus **Te**le**m**etry **Ex**change zusammen.

## Terminal

terminal

→ *Endgerät*

*TKO-, Seite 108*

## TKO

Abkürzung von **T**ele**k**ommunikations**o**rdnung; die TKO der Deutschen Bundespost legt die Bedingungen und Gebühren für die Benutzung aller Einrichtungen des Fernmeldewesens fest; sie ist seit dem 1. 1. 88 gültig und ersetzt die vier für den nationalen Fernmeldeverkehr geltenden Benutzungsverordnungen.

## Token

*→ LAN, → Topologie*

## Topologie

topology

In der Rechnertechnologie meint Topologie die geometrische Anordnung von Schaltfunktionen auf dem Halbleiterplättchen. In Netzwerken, z. B. *→ LAN*, steht Topologie für die grundsätzliche Struktur der Kabelführung zwischen den beteiligten Stationen. Man unterscheidet Stern-, Ring-, Bus- und Baumstrukturen. In Sternnetzen sind an einen zentralen Rechner alle anderen Stationen mit jeweils eigenen Leitungen angeschlossen. Vorteil: Wenn eine Arbeitsstation ausfällt, können alle anderen weiterarbeiten. Nachteile: Wenn der zentrale Rechner ausfällt, ist das gesamte Netz lahmgelegt. Außerdem sinkt die Durchsatzrate, wenn alle Stationen gleichzeitig auf die Zentrale zugreifen wollen. Zusätzlich ist in Sternnetzen der Kabelbedarf sehr hoch. Deshalb geht man immer mehr zu Bus- und Ringnetzen über.

Bei Busnetzen werden an eine Leitung über bestimmte Adapter-Einrichtungen alle Arbeitsstationen passiv angeschlossen; beim Baumnetz handelt es sich um ein verzweigtes Busnetz. Eine Station fungiert als Steuerrechner, der die Abwicklung

aller für den am Kommunikationsprozeß erforderlichen Prozeduren übernimmt. Vorteil: Kabelersparnis; Nachteil: Weil keine Verstärker eingeplant sind, ist die räumliche Ausdehnung begrenzt. Auch kann es bei gleichzeitigem Zugriff von vielen Arbeitsstationen zu Fehlern und sogar Netzzusammenbrüchen kommen. Das aber hängt teilweise von den verwendeten → *Zugriffsverfahren* ab. Ein Standard unter den Busnetzen ist → *Ethernet.*
Im Ringnetz laufen die zu übermittelnden Daten im Kreis. Auch hier übernimmt eine Station die Aufgaben der Netzwerk-Steuerung. Die Ankopplung der Arbeitsstationen im Ring ist aktiv, d. h. ein bestimmtes Bitmuster (der Token) kreist immer, auch wenn keine echten Daten auf der Leitung sind. Wer eine Datensendung erwartet bzw. eine Übertragung vornehmen will, übernimmt den Token und fügt die Sendedaten an. Nachteil: Wenn ein Ankopplungselement (ein → *Verstärker*) ausfällt, bekommen alle dahinter liegenden Stationen keine Daten mehr. Um dieses Problem zu beheben, wurde ein logischer Ring mit physischer Sternstruktur geschaffen, in dem die Vorteile von Stern- und Ringnetzen vereint sind. Standardisiertes Beispiel dafür ist das Token-Ring-Netz.

## Trägerfrequenz

carrier frequency

→ *Modulationsverfahren*

## Transfergeschwindigkeit

data transfer rate

Die Transfergeschwindigkeit zeigt an, wieviele Informationselemente fehlerfrei in einem bestimmten Zeitintervall zwischen einer Sende- und einer Empfangsstation übertragen wurden. Sie wird in bit/s, Zeichen/min, Blöcke/h angegeben.

## transparent, Transparent-Modus

transparent mode

In der Datenübertragung ist mit transparent eine code-ungebundene Übertragung gemeint. Das bedeutet, daß Bit-Kombinationen, die als Steuerzeichen im Übertragungsstrom transportiert werden, als solche erst von empfangenden Systemen erkannt und interpretiert und somit von den eigentlichen Daten getrennt werden.

## Transponder

transponder

Der Transponder übernimmt in der → *Satellitenübertragung* die nachrichtentechnische Verarbeitung der Signale wie Empfangen und Verstärken der Signale, die Signalumsetzung (→ *Abwärts-/Aufwärtsfrequenz*) und das Verstärken auf die Sendeleistung.

## Transportschicht

transport layer

Schicht 4 des → *ISO/OSI-Referenzmodells*; hier werden die Ende-zu-Ende-Verbindungen auf- bzw. abgebaut und einer zu übertragenden Information die physikalischen und logischen Adressen hinzugefügt. Weitere Funktionen der Protokolle dieser Schicht sind evtl. auftretende Fehler zwischen den Endgeräten zu erkennen und zu beseitigen und den Datenfluß zu überprüfen. Diese Ebene ist die niedrigste der anwendungsbezogenen und gleichzeitig die höchste der für die technische Kommunikation im Netz zuständigen Ebenen.

## Übermittlungsabschnitt

transmission section

Der Übermittlungsabschnitt faßt die gesamten Einrichtungen und technischen Einheiten sowie das zugehörige Leitungsnetz zusammen, die nach einer vereinbarten Übermittlungsvorschrift arbeiten, um den Austausch von Informationen zwischen → *Datenendeinrichtungen* zu ermöglichen.

## Übersprechen

crosstalk

→ *Nebensprechen.*

## Übertragung

transmission

→ *asynchrone / synchrone Übertragung*

## Übertragungsschicht

link layer

Schicht 2 des → *ISO/OSI-Referenzmodells*; in dieser Ebene werden die Verbindungswege verwaltet. Hier werden Informationssignale in Paketen zusammengefaßt bzw. – wenn sie von einer höheren Ebene kommen – in kleinere Blöcke aufgeteilt. Paketweise geschieht hier auch die Fehlererkennung. Ein Protokoll dieser 2. Schicht ist das weitverbreitete → *HDLC*, das von der → *ISO* übernommen wurde und mit geringen Veränderungen auch bei → *Datex-P* verwendet wird.

## UIT

→ *ITU*

## $U_{K0}$-Schnittstelle

### $U_{K0}$-interface

Diese Schnittstelle des Vermittlungssystems im → *ISDN* umfaßt die physikalischen und logischen Parameter der Schicht 1 (→ *ISO/OSI-Referenzmodell*). Sie schreibt die → *Duplex-Übertragung* von zwei → *B-Kanälen* und einem → *D-Kanal* mit dem Zweidraht- → *Echokompensationsverfahren* auf den üblichen Kupfer-Doppeladern vor. Sie bildet den von der Deutschen Bundespost genormten Anschluß des → *Netzabschlußgeräts* von der Netzseite und stellt den Einfach- oder Mehrfach-Endgeräteanschluß für Nebenstellen dar.

## $U_{P0}$-Schnittstelle

### $U_{P0}$-interface

Eine Schnittstelle im → *ISDN*, die nach dem Wunsch des → *ZVEI* und eines Großteils der Industrie im Gegensatz zur → *$S_0$-Schnittstelle* zwischen Endgeräten und Nebenstellenanlagen zur Anwendung kommen soll. Hauptargument des ZVEI für diese „Kommunikationssteckdose“ ist, daß die ISDN-Kommunikation hier nur eine zweidrähtige Leitung benötigt, die ja im Inhaus-Bereich ohnehin bei den Nebenstellenanlagen schon vorhanden ist. Damit erweist sich die $U_{P0}$-Schnittstelle als kostengünstiger als die → *$S_0$*-Schnittstelle.

## VDE

Verband Deutscher Elektrotechniker VDE e.V., Frankfurt.

## VDI

Verein Deutscher Ingenieure VDI, Düsseldorf.

## Verdrillte Leitung

twisted pair

Elektrische Kabel, die aus zwei verdrillten Leitungen bestehen, sind die einfachsten Verbindungswege in lokalen Netzen und Inhaus-Telefonanlagen. Die Übertragungsrate bei der verdrillten Leitung ist geringer als beim teureren → *Koaxialkabel.*

## Verkabelungskonzept

cabling concept

Das Verkabelungskonzept von SEL schafft eine kostengünstige Infrastruktur für Kommunikationsanwendungen in Produktion und Büro. Es sieht innerhalb von Gebäuden Sternnetze vor aus ungeschirmten Zweidrahtleitungen, geschirmten Zweidrahtleitungen für Computeranwendungen und – bei Bedarf – Lichtwellenleiterkabeln. Die Sternnetze werden pro Funktionsbereich in Konzentrationspunkten (Systemschränken) zusammengeführt. Dort können auch Medienwechsel stattfinden. Die globale Verkabelung zwischen den Systemschränken erfolgt mit Fernmelde-Kupferkabeln oder Lichtwellenleiterkabeln.

## Verstärker

repeater

Ein Verstärker ist eine Einrichtung, die man benötigt, um den Leistungsverlust (→ *Dämpfung*) eines Ausgangssignals über eine bestimmte Strecke hinweg auszugleichen. Häufig wird das Signal dabei gleichzeitig regeneriert.

## Verzerrung

distortion

Von Verzerrung spricht man dann, wenn ein Signal beim Transport durch eine Schaltung oder eine Leitung seine ursprüngliche Ausgangsform verändert. Der Grund für solche Veränderungen liegt in den verschiedenen Signallaufzeiten oder Oberwellen.

## Videokonferenz

videoconference

Videokonferenz ist eine Schaltung, bei der zwei oder mehr entsprechend ausgerüstete Teilnehmer über → *Breitbandverbindungen* gleichzeitig Bild-, Bewegtbild- und Sprachsignale austauschen können.

## Videotex

videotex

Internationale Bezeichnung für → *Bildschirmtext (Btx)*; nicht zu verwechseln mit → *Videotext.*

## Videotext

videotext

Videotext ist ein Informationssystem, das über ein Farbfernsehgerät empfangen werden kann. Dabei werden die → *Austastlücken* des Fernsehsignals verwendet. Es können sowohl Grafik- als auch Schriftzeichen dargestellt werden, und zwar seitenweise. Dabei erfolgt die Übertragung nicht bildpunktweise sondern zeichencodiert. Die etwa 100 Seiten des derzeitigen Angebots werden zyklisch wiederholt. Videotext wird auch zu sendungsbegleitenden Informationen verwendet, z. B. für Untertitel in nicht synchronisierten Filmen oder für Begleittexte für Hörgeschädigte etc. Mit einem Decoder (einem Zusatzgerät, das abgespeicherte und übertragene Daten so aufbereitet, daß sie auf dem Bildschirm ausgegeben werden können) kann die jeweilige Seitenzahl für die Zusatzinformationen einer Sendung angewählt werden.

## Vierdrahtleitung

four-wire line

Eine Übertragungsleitung, bei der die beiden Senderichtungen auf je einem physikalisch getrennten Kabelpaar übertragen werden.

## Vollduplex

→ *duplex*, → *Betriebsarten.*

## V.24

Eine der am weitesten verbreiteten seriellen → *Schnittstellen* für den Anschluß von Datenendgeräten. Die vom → *CCITT* herausgegebenen Empfehlungen enthalten die Schnittstellenleitungen und ihre jeweilige Bedeutung. Es ist allerdings nicht festgelegt, welche Leitung wann benutzt werden soll. Deshalb kommt es in einigen Fällen vor, daß Geräte, die mit einer V.24-Schnittstelle verbunden werden, nicht sofort problemlos miteinander kommunizieren können. Mit Brücken zwischen einzelnen Leitungen kann das Problem beseitigt werden. Im wesentlichen entsprechen die Spezifikationen der V.24- der amerikanischen Standard-Schnittstelle RS-232C.

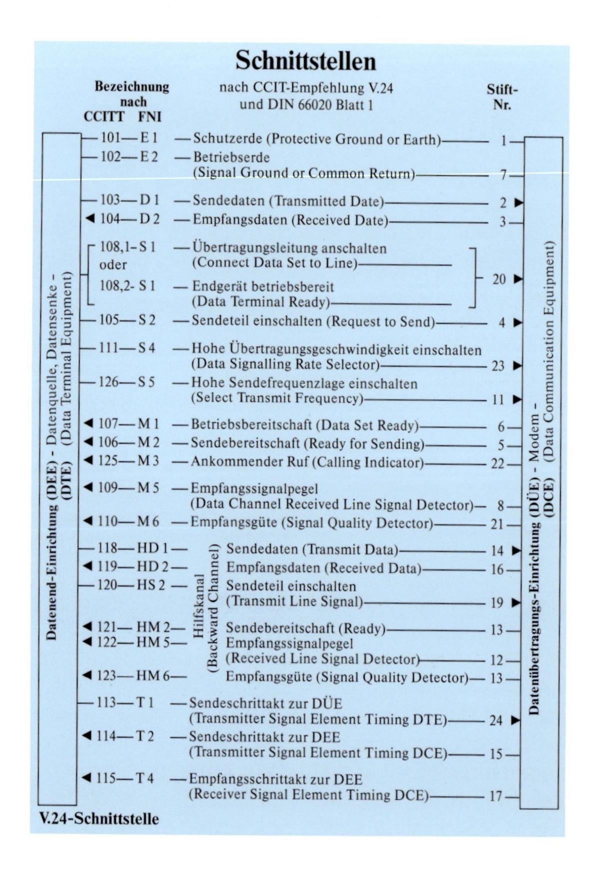

## Wählverbindung

dialing line

Bei einer Wählverbindung entsteht eine Verbindung durch eine direkte Wahl zwischen den beteiligten Kommunikationspartnern. Die Gebühren richten sich nach der Dauer der Verbindung, gleichgültig, ob während dieser Zeit auch wirklich kommuniziert wurde oder nicht. Das hat den Nachteil, daß eine Wählverbindung oft ungenutzt bleibt.

## Wellenlängenmultiplexer

wave length multiplexer

→ *Multiplexer*

In der → *optischen Nachrichtentechnik* können auf → *Lichtwellenleitern* mehrere Lichtwellen mit unterschiedlichen Signalen gleichzeitig übertragen werden. Wellenlängenmultiplexer koppeln die Lichtquellen auf einen Lichtwellenleiter zusammen.

## Weltmünzer

pay phone

oder Weltmünzfernsprecher: MünzFw 20 der Deutschen Bundespost für In- und Auslandsgespräche mit Tastwahl, drei Münzkanälen für Münzen zu 0,10 DM, 1,- DM und 5,- DM, elektrischer Guthabenanzeige und Wiederwahltaste, mit der weitere Gespräche mit dem nicht verbrauchten Restguthaben geführt werden können.

*Wie-, Seite 118*

## Wiederherstellungsverfahren

recovery

Wenn bei einer Datenübertragung Fehler auftreten – seien es Kollisionen oder Sequenzfehler oder in der zeitlichen Synchronisation –, so kann mit einem Wiederherstellungsverfahren im Rahmen eines → *Protokolls* ein bestimmter definierter Zustand wiederhergestellt werden.

## Wort

word

Unter Wort wird diejenige Menge an Bits verstanden, die ein Rechner parallel verarbeiten kann. Bei Mikroprozessoren sind Wortlängen von 8 bit, 16 bit und 32 bit üblich; Großrechner haben meist Wortlängen von 64 bit.

## X.21

Alle mit X.xx bezeichneten → *Schnittstellen* sind vom → *CCITT* genormte oder empfohlene Standards für öffentliche Datennetze. X.21 beschreibt die physikalischen Bedeutungen der Leitungen und die elektrischen Eigenschaften einer Verbindung von Datenendeinrichtung und Datenübertragungseinrichtung bei Synchronbetrieb.

## X.25

Der Empfehlung X.25 kommt immer mehr Bedeutung zu, denn diese → *Schnittstelle* zwischen Datenendeinrichtung und Datenübertragungseinrichtung in öffentlichen → *Datenpaketvermittlungsnetzen* geht bereits über die Empfehlungen von → *X.21* hinaus. X.25 regelt die unteren drei Ebenen des → *ISO/OSI-Referenzmodells* und beinhaltet damit sowohl die unterste physikalische Ebene (entspricht X.21, in der alle elektrischen Eigenschaften und deren Bedeutungen festgelegt sind), außerdem die Verfahren, wie die Datenblöcke ausgetauscht und evtl. auftauchende Fehler korrigiert werden (entspricht Schicht 2, die eine Variante des → *HDLC*-Protokolls darstellt), und Schicht 3, in der der Verbindungsauf- und -abbau geregelt, Kontrollinformationen an die Datenpakete angehängt und die eigentliche Verbindung aufrechterhalten wird.

## X.400

Ein von der → *ISO* bereits in allen sieben Ebenen standardisiertes System für die Übertragung von → *Mailbox*-Informationen. Damit ist es möglich, Informationen sowohl zu versenden und zu empfangen als auch zu verwalten, zu identifizieren und weiterzuleiten. Deshalb spricht man hier auch von Message Handling. Ein solcher Mailbox-Dienst, der auf den X.400-Empfehlungen basiert, wird von der Deutschen Bundespost unter dem Namen → *Telebox* angeboten.

## Zeichengabe

signalling

oder Signalisierung. Unter Zeichengabe versteht man allgemein den Austausch von vermittlungstechnischen Informationen in Nachrichtennetzen. Dazu gehören Verbindungsauf- und -abbau, Fernsteuerung, Wartung, Alarme usw. Ein modernes Zeichengabe-Verfahren ist das CCITT-Zeichengabeverfahren Nr. 7 (→ *Zentralkanal-Zeichengabe*).

## Zeichenkanal

signalling channel

→ *Zentralkanal-Zeichengabe*

## Zeichensatz

characterset

Synonym: Zeichenvorrat; bei Zeichensatz handelt es sich um diejenige vollständige Menge von Zeichen, die in einer Daten- oder Kommunikationsverarbeitungsanlage verwendet und interpretiert werden kann. Dazu gehören neben den üblichen alphanumerischen Zeichen und landesüblichen Sonderzeichen auch Anweisungen für die Rechner wie z. B. Wagenrücklauf, Leerzeichen, etc. Üblicherweise werden Zeichen eines Zeichenvorrats in einem 7- oder 8-Bit-Code dargestellt, so daß insgesamt 128 bzw. 256 Kombinationsmöglichkeiten zur Zeichendarstellung zur Verfügung stehen. Falls diese Möglichkeiten nicht ausreichen sollten, werden die restlichen Zeichen neben dem sogenannten Grundzeichenvorrat durch Umschaltungen gekennzeichnet, wobei die Zusatzzeichen die gleichen Codes haben wie die des Grundzeichenvorrats.

## Zeitmultiplex

time division multiplex

→ *Multiplexer.*

## Zeitschlitz

time slot

→ *Multiplexer.*

## Zentralkanal-Zeichengabe (ZZK - Zentraler Zeichenkanal)

common channel signalling

Die Zentralkanal-Zeichengabe ist zur → *Zeichengabe* in digitalen Nachrichtennetzen mit speicherprogrammierten Vermittlungsstellen konzipiert, die über Kanäle mit 64 kbit/s zusammenarbeiten. Die Zentralkanal-Zeichengabe benutzt einen einzelnen Kanal, um die Zeichengabe für eine Vielzahl von Nachrichtenkanälen zwischen Vermittlungsstellen zu übermitteln. Dadurch kann z. B. die Zeichengabe für einen Vermittlungsauftrag weitergegeben werden, ohne erst die entsprechende Verbindung durchschalten zu müssen. Damit erhält ein Teilnehmer den Besetztton schneller, und das Netz wird nicht unnötig belastet.

## Zugriffsverfahren

access mode

Synonyme: Zugangsverfahren, Zugriffsmethode; Zugriffsverfahren ist ein Protokoll oder eine Vereinbarung, die den Zugriff auf eine bestimmte Information oder einen bestimmten Kanal in einem Nachrichtensystem bestimmt (Beispiele: Zugriff auf einen Zeitschlitz im → *Zeitmultiplex* oder Zugriff in → *LAN*).

## ZVEI

Zentralverband Elektrotechnik- und Elektronikindustrie (ZVEI) e.V., Frankfurt/M.

## Zweidrahtleitung

two-wire line

Zweidrahtleitungen liegen in ihrer Übertragungsgeschwindigkeit am untersten Ende der Übertragungsmedien. Zweidrahtleitung ist ein Kupferadernpaar zum Anschluß von → *Endgeräten.* Über Zweidrahtleitungen kann → *Simplex-,* → *Halbduplex-* und unter besonderen schaltungstechnischen Voraussetzungen auch → *Duplex*-Verkehr stattfinden. Die Teilnehmeranschlußleitung im Telefonnetz ist eine Zweidrahtleitung.